Python 程序设计与实战

常鹏飞 主 编
张 昭 副主编

北京理工大学出版社
BEIJING INSTITUTE OF TECHNOLOGY PRESS

内容简介

全书分为3个部分，共10章。第一部分"Python语言快速入门"包含3章。第1章介绍了Python编程的基础知识，包括Python语言的概念、特点、环境搭建及安装等知识；第2~3章分别介绍了序列、Python程序控制结构；第二部分"Python语言进阶学习"用于在掌握基础知识后，进一步学习Python编程，包含4~7章，介绍了函数、组合数据类型、文件和异常；第三部分"Python语言的深入学习"，其知识难度更大，将理论付诸实践，包含8~10章，分别介绍了数据处理、网络编程和面向对象编程。

本书各章都包含了案例和课后习题，通过案例的讲解和操作实践帮助读者巩固所学内容。本书不仅可以作为计算机相关专业的教学用书，还可用作计算机相关培训及IT从业者的参考书。

版权专有　侵权必究

图书在版编目（CIP）数据

Python 程序设计与实战 / 常鹏飞主编. —北京：北京理工大学出版社，2020.7（2022.12重印）

ISBN 978–7–5682–8643–5

Ⅰ.①P… Ⅱ.①常… Ⅲ.①软件工具–程序设计 Ⅳ.①TP311.561

中国版本图书馆 CIP 数据核字（2020）第 112954 号

出版发行 / 北京理工大学出版社有限责任公司	
社　　址 / 北京市海淀区中关村南大街5号	
邮　　编 / 100081	
电　　话 / （010）68914775（总编室）	
（010）82562903（教材售后服务热线）	
（010）68944723（其他图书服务热线）	
网　　址 / http://www.bitpress.com.cn	
经　　销 / 全国各地新华书店	
印　　刷 / 三河市天利华印刷装订有限公司	
开　　本 / 787毫米×1092毫米　1/16	
印　　张 / 15.5	责任编辑 / 钟　博
字　　数 / 365千字	文案编辑 / 钟　博
版　　次 / 2020年7月第1版　2022年12月第6次印刷	责任校对 / 周瑞红
定　　价 / 45.00元	责任印制 / 施胜娟

图书出现印装质量问题，请拨打售后服务热线，本社负责调换

PREFACE 前言

随着信息技术的发展，大数据技术已广泛进入大众视野。在众多大数据相关编程语言中，Python 是最受欢迎的程序设计语言之一，它已被广泛应用于系统管理任务的处理和 Web 编程。编者结合大数据时代编程语言的发展趋势，以满足高等职业院校的教学要求为前提，编写了本书。

1. 读者对象

本书是 Python 语言编程的基础教材，以培养读者使用 Python 程序语言进行编程为目的，可作为计算机相关专业的教学用书，也适用于开设大数据课程的教育培训机构，作为学习指导用书。对于 IT 行业需要了解 Python 语言的工程技术人员和初入编程领域的新手，本书同样适用，可作为自学的参考用书。

2. 职业前景

作为面向对象的计算机程序语言，Python 被称为"胶水语言"，它能将不同的编程语言进行融合，极大地简化了不同编程语言的兼容性难题。Python 能运行在多种计算机平台和操作系统中，使编程工作变得轻松、简单。因此，在 Web 开发、数据挖掘、运维自动化等多个行业和领域，Python 被用来完成各种各样的任务。

如今，Python 凭借其简单、易学、可移植、可扩展等优点得到了越来越多企业的青睐，这使得 Python 人才的需求量逐年增加。熟练掌握 Python 语言的学习者，其发展方向较为多元化，除了在 IT 行业从事编程工作，如 Python 开发工程师、Python 高级工程师和 Python 自动化测试，还可以向 Python 游戏开发工程师、SEO 工程师、Linux 运维工程师等方向发展。

Python 自身的优势决定了其广阔的发展前景。随着 Python 技术的流行，越来越多的程序开发者选用 Python 作为主要的开发语言，这必将带动它的普及以及市场需求量的增加，所以现在学习 Python 是个不错的选择。

随着云计算、大数据和人工智能的兴起，Python 语言的用户量不断增加，基于此种语言的相关技术也在飞速发展。很多院校新增了大数据专业，这要以 Python 语言为载体，所以相关院校均开设了 Python 课程，教育部门也把它列入全国计算机二级考试的自选项目。

3. 本书特点

本书分为 3 个部分，共 10 章。第一部分"Python 语言快速入门"，介绍了 Python 语言的基本概念、序列的知识以及程序控制结构。第二部分"Python 语言进阶学习"，用于在掌握基础知识后提高层次，进一步学习 Python 编程，包含函数、组合数据类型、文件和异常。第三部分"Python 语言的深入学习"，其知识难度更大，将理论付诸实践，包含数据处理、网络编程和面向对象编程等知识。

本书主要围绕 Python 编程语言的基础展开介绍，但不局限于此，为了帮助读者快速有效地掌握 Python 编程的基础知识，并在此基础上提高层次，实现深入学习，同时提高工程应用能力，本书在内容的编排上，由浅入深，层层深入。主要特点如下：

（1）结构严谨。全书从基础知识入手，逐层深入，条理清晰。每章都设有"本章要点""引言""本章小结"和"课后习题"栏目，以便于学习者学习新的技能和巩固所学知识。

（2）理论与实践相结合。从第一部分开始，每章都设有一些项目程序供学习者实际操作，第三部分更是项目案例的集中体现，教会学习者运用所学知识解决实际问题。

（3）形式生动。本书运用了大量的图表以及"小提示"，增添了阅读的趣味性。

（4）选用案例与时俱进。全书所选用的项目程序都是源于生活的真实案例，因此在选材上本书是新颖的，做到了与时俱进，使学习效果更加显著，更加具有实用性和现实意义。

全书配套的教学资源完善，代码详尽。本书附带电子课件和课后习题答案，便于教师的教学以及学生自主学习。在编写过程中，本书还得到了编者所在院校各级领导和同事的大力支持与帮助，在此一并表示衷心的感谢。

4. 致谢

本书由常鹏飞任主编，张昭任副主编。廉新宇、赵文艳和杨欣伟参与了本书的编写。本书编写团队成员曾多次参与全国大数据分析和云计算的高职高专技能大赛，取得了优异成绩。

在本书的编写过程中，各职业技术学院、北京各大培训机构和北京企事业单位提供了许多宝贵意见和建议，并在开发配套资源的过程中给予大力支持与协助，在此一并致谢。

Python 程序设计涉及多种关键技术，将这些技术综合应用到实际的项目中，需要学习者在实践中不懈地探索和积累，只有这样才能逐步提高自己的技术和应用水平。

由于编者水平有限，书中难免有疏漏和不妥之处，恳请读者批评指正。

编　者

第一部分 Python 语言快速入门

第 1 章 Python 基础知识 ... 3
- 1.1 Python 语言的概念 ... 3
- 1.2 Python 语言的特点 ... 4
- 1.3 Python 语言的发展史 ... 4
- 1.4 安装及环境配置 ... 4
- 1.5 Python 程序的基本编写方法 ... 6
- 1.6 Python 集成开发环境 PyCharm ... 7
- 本章小结 ... 9
- 课后习题 ... 9

第 2 章 序列 ... 11
- 2.1 认识序列 ... 11
  - 2.1.1 元素 ... 12
  - 2.1.2 序列的分类 ... 12
  - 2.1.3 通用的操作 ... 12
  - 2.1.4 标准类型运算 ... 13
  - 2.1.5 序列类型内置函数 ... 18
- 2.2 字符串 ... 20
  - 2.2.1 字符串的基本概念 ... 20
  - 2.2.2 字符串的基本操作 ... 20
  - 2.2.3 字符串格式化 ... 21
  - 2.2.4 字符串转义序列 ... 23
  - 2.2.5 字符串常用方法 ... 24
  - 2.2.6 字符串表示 str 和 repr ... 25
  - 2.2.7 字符串的独特性 ... 26
- 2.3 列　表 ... 29
  - 2.3.1 列表的概念 ... 29

2.3.2 列表的基本操作 ... 30
2.3.3 列表操作符 ... 32
2.3.4 列表的特性 ... 33
2.3.5 列表方法 ... 33
2.4 元 组 ... 38
2.4.1 元组的概念 ... 38
2.4.2 元组的基本操作 ... 38
2.4.3 元组操作符 ... 39
2.4.4 元组方法 ... 40
本章小结 ... 42
课后习题 ... 43

第3章 Python 程序控制结构 ... 45
3.1 顺序结构 ... 45
3.1.1 赋值语句 ... 46
3.1.2 基本输入和输出 ... 47
3.2 选择结构 ... 48
3.2.1 if 语句 ... 48
3.2.2 else 子句 ... 49
3.2.3 elif 子句 ... 50
3.2.4 嵌套的 if 语句 ... 51
3.3 循环结构 ... 53
3.3.1 while 语句 ... 53
3.3.2 for 语句 ... 55
3.3.3 循环嵌套 ... 57
3.3.4 break、continue 语句 ... 61
3.3.5 循环结构中的 else 子句 ... 63
3.3.6 列表解析 ... 65
本章小结 ... 67
课后习题 ... 67

第二部分 Python 语言进阶学习

第4章 函数 ... 73
4.1 函数的基本概念 ... 73
4.2 函数的参数传递 ... 74
4.3 函数操作符 ... 74
4.4 返回值与函数类型 ... 76
4.5 函数式编程 ... 76
4.5.1 函数的定义 ... 76

| 4.5.2　函数的返回 ··· 77
| 4.5.3　函数的调用 ··· 78
| 4.5.4　global 语句 ·· 79
| 4.6　函数的递归 ··· 80
| 4.7　变量的作用域 ·· 80
| 4.8　Python 语言内置函数 ··· 81
| 4.8.1　内建函数 map( )、reduce( ) ··· 82
| 4.8.2　匿名函数与 lambda 表达式 ·· 83
| 本章小结 ··· 88
| 课后习题 ··· 88

第 5 章　组合数据类型 ·· 90
| 5.1　集合类型 ·· 90
| 5.1.1　集合类型概述 ··· 90
| 5.1.2　集合常用函数 ··· 91
| 5.1.3　集合操作运算符 ·· 92
| 5.1.4　集合内涵 ·· 93
| 5.1.5　固定集合 ·· 94
| 5.2　列表类型和操作 ·· 94
| 5.2.1　列表类型概述 ··· 94
| 5.2.2　列表类型操作 ··· 95
| 5.2.3　常用列表 ·· 97
| 5.2.4　列表内涵 ·· 102
| 5.3　字典类型和操作 ·· 102
| 5.3.1　字典类型概述 ··· 102
| 5.3.2　字典类型操作 ··· 103
| 5.3.3　常用函数 ·· 106
| 5.3.4　字典内涵 ·· 111
| 本章小结 ··· 115
| 课后习题 ··· 115

第 6 章　文件 ·· 118
| 6.1　文件概述 ·· 118
| 6.1.1　Python 文件系统 ··· 118
| 6.1.2　文件的使用过程 ·· 118
| 6.2　文件的打开和关闭 ·· 119
| 6.2.1　文件的打开：open( )函数 ·· 119
| 6.2.2　文件的关闭：close( )函数 ··· 120
| 6.3　文件的写入 ··· 121
| 6.3.1　文件的读写：write( )函数、read( )函数 ······················· 121

	6.3.2	文件的定位	122
	6.3.3	重命名和删除	124
	6.3.4	文件的其他操作	125
本章小结			126
课后习题			127

第7章 异常 …… 129

7.1 Python 语言中的异常 …… 129
7.2 捕捉异常 …… 131
  7.2.1 try…except 语句 …… 131
  7.2.2 多个 except 子句和一个 except 块捕捉多个异常 …… 132
  7.2.3 else 子句 …… 134
  7.2.4 finally 子句 …… 135
7.3 上下文管理器和 with 语句 …… 135
本章小结 …… 136
课后习题 …… 136

第三部分 Python 语言的深入学习

第8章 数据处理 …… 141

8.1 numpy 模块 …… 141
  8.1.1 numpy 数组 …… 141
  8.1.2 numpy 模块常用函数 …… 145
  8.1.3 numpy 模块元素获取 …… 154
  8.1.4 numpy 模块统计函数与线性代数运算 …… 157
  8.1.5 numpy 模块随机数的生产 …… 163
8.2 pandas 模块 …… 169
  8.2.1 series 数据结构 …… 169
  8.2.2 dataframe 数据结构 …… 174
  8.2.3 文件操作 …… 176
  8.2.4 字符串处理 …… 178
8.3 matplotlib 模块 …… 183
  8.3.1 条形图 …… 183
  8.3.2 直方图 …… 184
  8.3.3 折线图 …… 185
  8.3.4 散点图 …… 189
  8.3.5 箱线图 …… 192
本章小结 …… 193
课后习题 …… 193

第 9 章 网络编程 ·· 196
9.1 PyCharm 的安装与使用 ·· 196
9.2 TCP/IP 协议简介 ·· 201
9.3 TCP 编程 ·· 204
9.3.1 客户端 ··· 204
9.3.2 服务端 ··· 205
9.4 UDP 编程 ··· 206
9.4.1 UDP 数据传输 ·· 206
9.4.2 UDP 多线程操作 ·· 208
9.5 网络爬虫案例 ··· 209
9.5.1 访问一个网址 ·· 209
9.5.2 对象属性和方法 ·· 210
9.5.3 登录实现 ··· 215
9.5.4 代理服务器 ··· 216
本章小结 ··· 218
课后习题 ··· 218

第 10 章 面向对象编程 ··· 219
10.1 面向对象编程概述 ··· 219
10.1.1 对象的定义 ·· 219
10.1.2 面向对象编程的特征 ······································ 220
10.2 创建类和对象 ··· 220
10.2.1 创建类 ·· 220
10.2.2 创建对象 ·· 222
10.3 构造方法 ··· 222
10.3.1 构造方法概述 ·· 222
10.3.2 self 参数 ··· 222
10.3.3 成员变量 ·· 223
10.3.4 类方法和静态类 ·· 225
10.4 类的继承 ··· 226
10.4.1 继承 ·· 226
10.4.2 方法重写 ·· 227
10.4.3 多继承 ·· 229
10.5 多 态 ·· 230
10.6 运算符重载 ··· 231
本章小结 ··· 233
课后习题 ··· 233

参考文献 ··· 236

第一部分
Python 语言快速入门

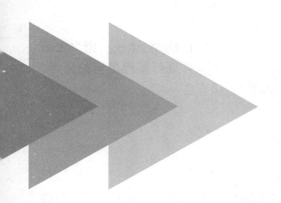

第 1 章
Python 基础知识

本章要点

(1) Python 语言的概念及特点；
(2) Python 语言的下载和安装及程序编写的基本方法。

引言

作为一种免费开源、语法简洁、功能强大的编程语言，Python 广泛应用于数据处理、Web 开发、游戏开发、人工智能等众多领域，受到广泛好评。无论程序员还是学习编程的新手，Python 都是一种友好的、易于上手的语言。

本章介绍 Python 语言的基本概念、安装方法以及程序编写的基本方法。

1.1 Python 语言的概念

Python 语言诞生于 20 世纪 90 年代初，创始人是荷兰人吉多·范罗苏姆（Guido van Rossum），如图 1-1 所示。Python 意为"巨蟒"，灵感来源于吉多·范罗苏姆喜爱的英国电视喜剧《巨蟒剧团之飞翔的马戏团》（Monty Python's Flying Circus）。

图 1-1 荷兰人吉多·范罗苏姆（Guido van Rossum）

Python 是一种面向对象的、解释型的高级动态编程语言,它具有简洁的语法,用户无须把太多的精力放在如何实现程序的功能细节上,而是像写文章一样进行编程逻辑的思考。Python 语言易学易用,功能强大,这使它成为最受欢迎的编程语言之一。

1.2 Python 语言的特点

1. 语法简单

Python 语言是一种非常容易入门的语言,从创始之初就注重简化语法,以更符合人们的语言习惯和思维方式,让使用者可以专注于解决问题。

2. 面向对象

Python 语言既支持面向过程编程,也支持面向对象编程。面向过程是指将解决问题的先后步骤通过函数编程一一实现。面向对象就是用数据和操作模拟现实事物形成对象,通过对象间的相互关系构建程序。Python 语言是一种非常强大且易用的面向对象编程语言。

3. 可移植

Python 语言是一种开源的编程语言,具有很强的可移植性。Python 程序不依赖平台,甚至无须修改就可以在不同平台上运行。Python 程序可以应用于 Windows、Linux、Macintosh、Solaris、iOS、Android 等多种平台。

4. 扩展性强

Python 语言提供了丰富的接口和工具,方便在程序中使用其他编程语言的代码模块,可以使用 C 或 C++ 语言(或者其他可以通过 C 语言调用的语言)扩展新的功能和数据类型,也可以在其他语言编写的程序中嵌入 Python 模块,以提升程序的性能。

5. 拥有丰富的库

Python 语言内置强大的标准库,所提供的组件涉及范围十分广泛,包括日常编程中许多问题的标准解决方案。除此之外,Python 语言还有大量优质的第三方库。

1.3 Python 语言的发展史

吉多·范罗苏姆在 1989 年圣诞节开始编写 Python 语言,并于 1991 年发布了第一个版本。因广受好评,更多的人加入 Python 语言的开发中,并陆续于 1994 年发布 Python1.0 版本,于 2000 年发布 Python2.0 版本,于 2008 年发布 Python3.0 版本。

目前 Python2.x 版本与 Python3.x 版本并存,但 Python3.x 版本并不完全兼容 Python2.x 版本。Python3.x 版本在 Python2.x 版本的基础上作了多方面的升级,更易于使用,因此本书使用的版本为 Python 3.8。

1.4 安装及环境配置

进入 Python 官网(www.python.org),单击下载链接,如图 1-2 所示。进入下载页面后，可以根据需要选择不同版本，本书以在 Windows 10 操作系统下，安装 Python 3.8 版本为例进行介绍。

图 1-2　下载链接

安装包下载完成后，启动安装程序"Python 3.8.0.exe"，如图 1-3 所示。勾选"Add Python 3.8 to PATH"复选框，该选项允许安装程序自动注册 Path 环境变量，方便以后启动各种 Python 工具。单击"Install Now"链接，按默认路径安装，也可以单击"Customize installation"链接，自定义安装路径和选择模块。

图 1-3　安装程序"Python 3.8.0.exe"

安装成功后会显示图 1-4 所示界面，在"开始"菜单的"Python"目录下会显示 4 个程序（图 1-5）：

（1）IDLE：Python 自带的集成开发环境；

（2）Python 3.8：在命令行下执行 Python 代码的解释器；

图 1-4　安装成功后显示界面

图 1-5　"开始"菜单的"Python"目录

（3）Python 3.8 Manuals：Python 的帮助文档；
（4）Python 3.8 Module Docs：Python 模块的帮助文档。

1.5　Python 程序的基本编写方法

编写任何程序都需要一定的集成开发环境（Integration Development Environment，IDE），下面通过 Python 自带的 IDLE 简单了解 Python 程序的基本编写方法。

1. 新建程序

在菜单栏中选择"File"→"New File"选项或按"Ctrl+N"组合键，即可新建一个 Python 程序，初始名为"untitled"。

2. 保存程序

在菜单栏中选择"File"→"Save"选项或按"Ctrl+S"组合键，输入名称并选择地址，即可保存 Python 程序，文件类型为 Python files。

3. 打开程序

在菜单栏中选择"File"→"Open"选项或按"Ctrl+O"组合键，即可选择需要打开的 Python 文件。

4. 运行程序

在菜单栏中选择"Run"→"Run Module"选项或按 F5 键，即可在 IDLE 中运行当前的

Python 程序。

Python 3.8 运行界面如图 1-6 所示。

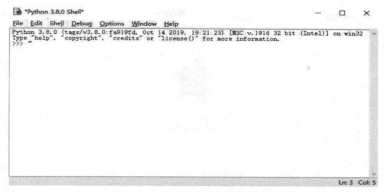

图 1-6　Python 3.8 运行界面

1.6　Python 集成开发环境 PyCharm

IDLE 的功能相对比较简单，下面介绍一种更为专业的集成开发环境 PyCharm。PyCharm 是由 JetBrains 公司开发的一种 Python IDE，不仅为 Python 开发者提供了各种提高效率的基本工具，还支持一些高级功能。

PyCharm 有两种版本：专业版（Professional）和社区版（Community）。社区版是免费的开源项目，仅支持 Python 开发；专业版是付费的商业版本，功能更加强大，可以开发 Django、Flask 和 Pyramid 应用程序，完全支持 HTML（包括 HTML5）、CSS、JavaScript 和 XML。PyCharm 的下载地址为 https://www.jetbrains.com/pycharm/，可以根据需要选择不同版本，如图 1-7 所示。

图 1-7　下载 PyCharm 界面

根据提示完成安装后，启动 PyCharm，会看到 3 个选项，从上至下分别是"Create New Project"（新建程序）、"Open"（打开程序）和"Check out from Version Control"（从版本控制中检测程序），如图 1-8 所示。

图 1-8　启动 PyCharm 界面

选择"Create New Project"选项，会出现选择存储路径和程序名称的界面（图 1-9），选择完成后会进入程序编辑界面（图 1-10）。

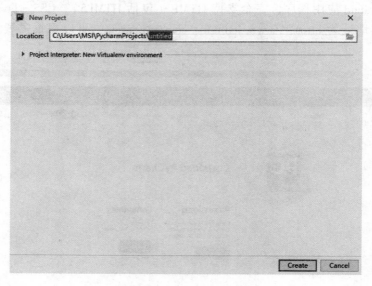

图 1-9　选择存储路径和程序名称的界面

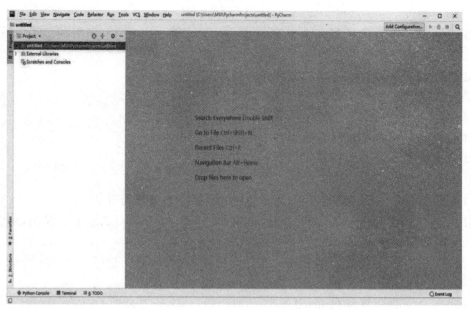

图1-10 程序编辑界面

本章小结

本章介绍了 Python 语言的概念及其特点，以使读者对 Python 语言有初步的了解，还介绍了 Python3.8 和 PyCharm 的安装和配置。

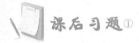课后习题①

一、选择题

1. 下面关于 Python 语言的描述中正确的有（　　）。
A. 开源　　　　　　　　　　　　　　B. 免费
C. 跨平台　　　　　　　　　　　　　D. 动态编码
2. Python 程序文件的扩展名为（　　）。
A. pyt　　　　　B. py　　　　　C. p　　　　　D. py
3. Python shell 的命令提示符是（　　）。
A. >　　　　　　B. >>>　　　　　C. #　　　　　D. $
4. Python 语言语句块的标记是（　　）。
A. 分号　　　　　B. 逗号　　　　　C. 缩进　　　　　D. /

---

① 注：本书的课后习题中部分习题所涉及知识并未在相关章节具体介绍，为了提高读者的技术能力，供学有余力的读者参考学习，特此说明。

二、填空题

1. Python 程序文件的扩展名主要有_____和_____两种，其中后者常用于 GUI 程序。
2. Python 源代码程序编译后的文件扩展名为_____。

三、简答题

1. 什么是 Python 语言？
2. Python 语言的应用领域有哪些？
3. Python 语言的特点有哪些？

四、判断题

1. Python 语言是一种跨平台、开源、免费的高级动态编程语言。　　　　　　（　　）
2. Python 3.x 和 Python 2.x 唯一的区别就是：print 在 Python 2.x 中是输出语句，而在 Python 3.x 中是输出函数。　　　　　　　　　　　　　　　　　　　　　　　（　　）
3. 在 Windows 平台上编写的 Python 程序无法在 UNIX 平台上运行。　　　（　　）
4. 不可以在同一台计算机上安装多个 Python 版本。　　　　　　　　　　（　　）
5. Python 3.x 完全兼容 Python 2.x。　　　　　　　　　　　　　　　　（　　）

五、上机操作

1. 下载并安装 Python3.x 最新版本。
2. 下载、安装和配置 PyCharm。

第 2 章 序 列

本章要点
(1) 序列的含义；
(2) 字符串的定义和操作方法；
(3) 列表、元组的创建及使用。

引言

Python 序列类似于多种语言的数组，是用来储存大量数据的容器。本章详细地介绍序列、字符串、列表和元组的概念及其应用，熟练运用这些结构可以更加快捷地解决问题。

2.1 认识序列

计算机程序由数据结构和算法构成，数据结构是指相互之间存在一种或多种特定关系的数据元素的集合，而算法是指对数据进行处理和分析的方法。序列就是 Python 语言中最基本的数据结构。

所谓序列，指的是通过对数据元素进行编号将它们组织在一起的数据元素的集合，可通过每个元素的编号（即索引值）访问它们。打个比方，旅行团组织若干游客（数据元素）住进旅馆，根据一定的规则为每个人安排了不同的房间号（编号），这个旅馆就可以看作序列，如图 2-1 所示。

图 2-1 序列索引示意

除此之外，Python 语言还支持索引值是负数，此类索引是从右向左计数，换句话说，从最后一个元素开始计数，从索引值 -1 开始，如图 2-2 所示。

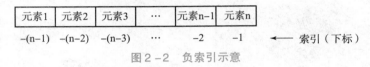

图 2-2　负索引示意

2.1.1　元素

元素即数据元素，是用一组属性描述定义、标识、表示和允许值的一个数据单元。它是数据的基本单位，可以是数字、字符串等，甚至可以是其他数据结构。

2.1.2　序列的分类

Python 语言的常用序列，按创建后是否可以修改分为两类——不可变序列：Number（数字）、String（字符串）、Tuple（元组）；可变序列：List（列表）、Dictionary（字典）、Set（集合），如图 2-3 所示。

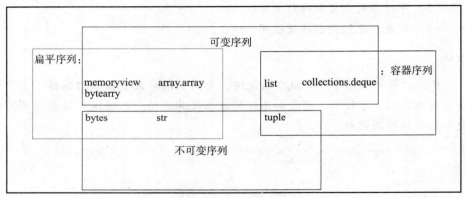

图 2-3　序列的分类

这些序列支持通用的操作，但比较特殊的是，集合和字典不支持索引、切片、相加和相乘操作。

2.1.3　通用的操作

Python 语言有 5 种通用的操作：索引、切片、序列相加、序列相乘成员资格检查。

（1）索引：在下面的代码中，索引号为 0 的元素为 'how are you'，索引号为 3 的元素为 '3'。'how are you' 和 '3' 都用单引号包围，这是 Python 语言不同于其他语言的另一个地方。Python 语言并没有专门用于表示字符的数据类型，因此一个字符就是一个只包含一个元素的字符串。

```
1. items = ['how are you','1','2','3']
2.
3. items[2]
```

（2）切片（slicing）：切片操作用于访问序列特定范围内的元素。在一对方括号内使用

两个索引,并用冒号隔开,如:

```
1. it =[1,2,3,4,5,6]
2. it[2:4]
```

(3) 序列相加:在 Python 语言中,两种类型相同的序列使用"+"运算符作相加操作,该操作会将两个序列进行连接,但不会去除重复的元素,如:

```
[1,2,3,4,5,6] +[9.8]
```

或

```
'how' +'are' +'you' +'? '
```

小提示:不能拼接列表和字符串,虽然它们都是序列。一般而言,不能拼接不同类型的序列。

(4) 序列相乘:将序列与数 x 相乘时,将重复这个序列 x 次来创建一个新序列,如:

```
'1' * 5
```

或

```
'he' * 5
```

(5) 成员资格检查(in 操作):成员资格检查判定一个元素是否存在于集合中,如存在返回 True,否则返回 False,该操作实际上是一个布尔表达式,如:

```
'3' in ['3','6','9']
```

或

```
'how' in 'how are you ? '
```

2.1.4 标准类型运算

运算符是指 Python 语言中进行不同类型运算的符号,包含多种类型,主要有以下几种。

(1) 算术运算符:用于两个对象间的基本算数计算,包括加(+)、减(-)、乘(*)、除(/)、求余(%)、求幂(**)和整除(//),运算的结果是一个数值。示例代码如下:

```
1. print(2 +3)
2. print(2 -3)
3. print(2 *3)
4. print(2 /3)
5. print(2 %3)
6. print(2 **3)
7. print(2 //3)
```

运行结果如图 2 -4 所示。

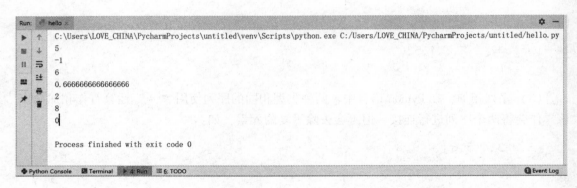

图2-4 示例代码运行结果

（2）比较（关系）运算符：用于两个对象间的比较运算，包括大于（>）、小于（<）、大于等于（>=）、小于等于（<=）、等于（==）和不等于（!=），比较的结果是True 或 False。示例代码如下：

```
1. print(2 >3)
2. print(2 <3)
3. print(2 >=3)
4. print(2 <=3)
5. print(3 ==3)
6. print(2!=3)
```

运行结果如图2-5所示。

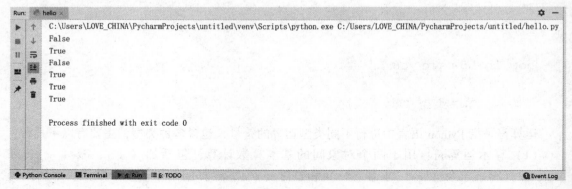

图2-5 示例代码运行结果

（3）赋值运算符：用于对象的赋值，将运算符右边的值（或经过计算后的结果）赋给运算符左边。基本的赋值运算符是"="，如 x = 1, x = x + 1, x = y = z = 1 等，赋值运算符也可以和算术运算符组合成复合赋值运算符，见表2-1。

表2-1 复合赋值运算符

复合赋值运算符	名称	示例	说明
+=	加法赋值运算符	x += y	x = x + y
-=	减法赋值运算符	x -= y	x = x - y

续表

复合赋值运算符	名称	示例	说明
*=	乘法赋值运算符	x *= y	x = x * y
/=	除法赋值运算符	x /= y	x = x / y
%=	求余赋值运算符	x %= y	x = x % y
**=	求幂赋值运算符	x **= y	x = x ** y
//=	整除赋值运算符	x //= y	x = x // y

示例代码如下:

```
1.  a = 5
2.  #加法赋值运算符
3.  a += 2
4.  print(a)
5.  #减法赋值运算符
6.  a -= 3
7.  print(a)
8.  #乘法赋值运算符
9.  a *= 2
10. print(a)
11. #除法赋值运算符
12. a /= 2
13. print(a)
14. #求余赋值运算符
15. a %= 2
16. print(a)
17. #求幂赋值运算符
18. a **= 2
19. print(a)
20. #整除赋值运算符
21. a //= 2
22. print(a)
```

运行结果如图 2-6 所示。

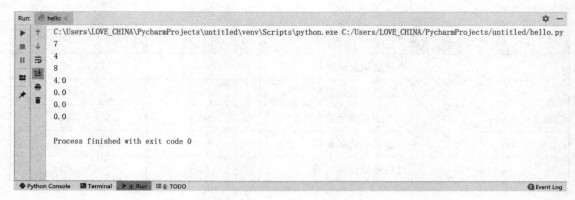

图 2-6 示例代码运行结果

（4）逻辑运算符：用于两个对象间的逻辑运算，包括与、或、非等，对应的运算符是 and、or、not，运算结果为 True 或 False。示例代码如下：

①and 逻辑运算符。

示例代码如下：

```
1. x = 100
2. y = 300
3. if x > 0 and y > 0:
4.     print("真")
5. else:
6.     print("假")
```

运行结果如图 2-7 所示。

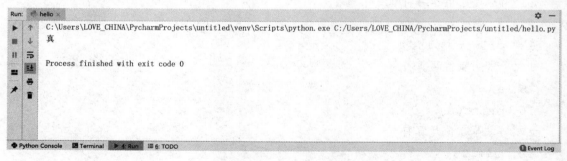

图 2-7 示例代码运行结果

②or 逻辑运算符。

示例代码如下：

```
1. x = 100
2. y = 300
3. if x > 0 or y < 0:
4.     print("真")
5. else:
6.     print("假")
```

运行结果如图2-8所示。

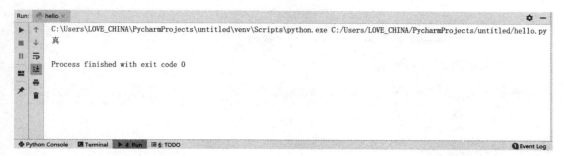

图2-8 示例代码运行结果

③not 逻辑运算符。

示例代码如下：

```
1.  x=100
2.  y=300
3.  if not(x<0 and y<0):
4.      print("真")
5.  else:
6.      print("假")
```

运行结果如图2-9所示。

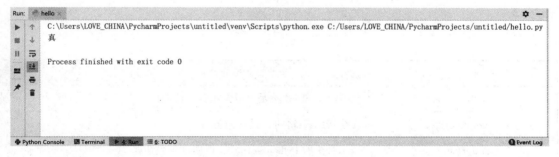

图2-9 示例代码运行结果

(5) 位运算符：用于对整数对象进行按位存储的 bit 操作。示例代码如下：

```
1.  #十进制转二进制
2.  x=input("请输入十进制整数:")
3.  x=int(x)
4.  x=bin(x)
5.  print("        二进制:",x[2:])
6.
7.  #二进制转十进制
```

```
8.  x = input("请输入二进制整数:")
9.  x = int(x,2)
10. print("    十进制结果为:",x)
```

运行结果如图2–10所示。

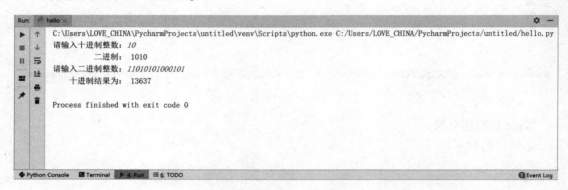

图2–10 示例代码运行结果

2.1.5 序列类型内置函数

函数是指将具有独立功能的代码组织成的一个整体，可以加强代码的复用性，提高编程的效率。

Python语言内置了大量标准函数，可以直接使用实现各种功能，常用内置函数见表2–2。

表2–2 常用内置函数

函数名称	功能说明
callable(obj)	查看一个obj是不是可以像函数一样调用
help(obj)	在线帮助，obj可以是任何类型
eval_r(str)	表示合法的Python表达式，返回这个表达式
repr(obj)	obj的表示字符串，可以利用这个字符串eval重建该对象的一个拷贝
hasattr(obj, name)	查看一个obj的name space中是否有name
dir(obj)	查看obj的name space中可见的name
setattr(obj, name, value)	为一个obj的name space中的一个name指向value这个obj
getattr(obj, name)	得到一个obj的name space中的一个name
vars(obj)	返回一个object的name space，用dictionary表示
delattr(obj, name)	从obj的name space中删除一个name
globals()	返回一个全局name space，用dictionary表示

续表

函数名称	功能说明
locals()	返回一个局部 name space，用 dictionary 表示
type(obj)	查看一个 obj 的类型
issubclass(subcls, supcls)	查看 subcls 是不是 supcls 的子类
isinstance(obj, cls)	查看 obj 是不是 cls 的 instance

例 2-1 用函数、类实现了 call() 方法的实例代码如下：

```
1.  print(callable(0))
2.  print(callable("123"))
3.  #函数
4.  def main(x,y):
5.      return x*y
6.  print(callable(main))
7.  #类
8.  class my:
9.      def main(self):
10.         return 0
11. print(callable(my))
12. #实现 call() 方法
13. class B:
14.     def call(self):
15.         return 0
16. print(callable(B))
```

运行结果如图 2-11 所示。

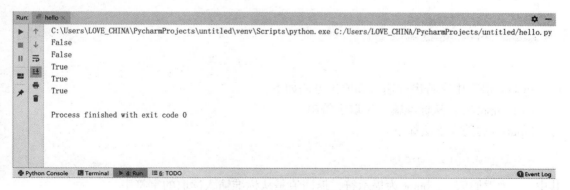

图 2-11 例 2-1 运行结果

2.2 字符串

2.2.1 字符串的基本概念

字符串（str）是 Python 编程中表示文本的一种数据类型，由字母、数字、符号等一系列字符组成。在 Python 语言中，字符串是最常用的序列类型，可以使用单引号或双引号创建字符串，二者作用相同，但必须前后一致，不能混用。例如：

"4,5,6"、"Python"、"how are you"、"张三"

需要注意的是，Python 语言中的字符串不能被修改，如果需要一个不同的字符串，应当新建一个。同时，Python 语言不支持单字符，单字符会被作为一个字符串使用。

由于字符串的应用比较广泛，支持的操作也很多，这里先进行简单的介绍。

2.2.2 字符串的基本操作

创建字符串非常简单，只需要给变量赋一个值即可，示例代码如下：

```
1. var1 = "hello world"
2. print("var1 = ",var1)
```

其中，var1 为变量。

运行结果如图 2-12 所示。

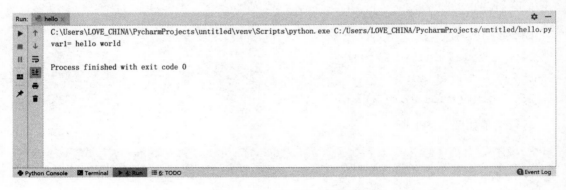

图 2-12 示例代码运行结果

Python 语言中字符串的输入和输出方法如下：

（1）input()：从标准输入读取字符串。

input() 的基本语法如下：

```
a = input([prompt])
```

其中，a 为返回值，prompt 为提示符，返回值是从标准输入读取的字符串。

示例代码如下：

```
1. var1 = "hello world"
2. str = input(var1)
print(str)
```

运行结果如图2–13所示。

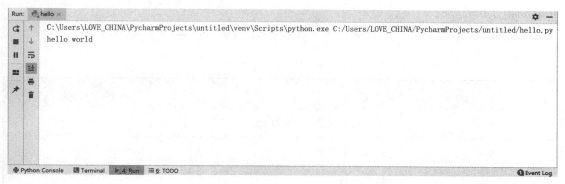

图2–13 示例代码运行结果

input()既可以输出字符型数据,也可以输出整型和浮点型数据,比如分数、年龄,这时需要进行数据类型的转换。示例代码如下:

```
1. score = input("输入成绩")
2. print(type(score))
3. print(type(int(score)))
```

从上述代码中可以看出,score为字符型数据,而这里需要整型数据,因此需要用int()函数进行数据类型转换,代码运行结果如下:

```
1. C:\Users\MSI\PycharmProjects\untitled\venv\Scripts\python.exe
   C:/Users/MSI/PycharmProjects/untitled/hello.py
2. 输入成绩90
3. <class'str'>
4. <class'int'>
5.
6. Process finished with exit code 0
```

(2) print():标准输出,将输入内容直接输出到标准输出上。
print()可以输出整型、浮点型和字符型数据,示例代码如下:

```
1. print(33)
2. print(33.3)
3. print("how are you ")
```

2.2.3 字符串格式化

字符串格式化是指使用一个字符串作为模板,预留几个位置,用占位符标记,并根据需要控制输出结果显示的格式。

字符串格式化示例代码如下:

```
1. print("x=%d"%2)
```

Python 语言提供了两种字符串格式化的方法,一种是使用%操作符,另一种是使用 str.format()方法。

(1) 使用%操作符,可以对输出结果设置多种格式,常见的字符串格式化符见表2-3。

表2-3 常见的字符串格式化符

字符串格式化符	描述
%c	格式化字符及其 ASCII 码
%s	格式化字符串
%d	格式化整数
%f	格式化浮点数,可指定小数点后精度
%e	用科学计数法格式化浮点数

需要注意的是,使用%操作符是早期 Python 语言提供的解决方案,从 Python2.6 版本开始,提供了 str.format()方法。

(2) str.format()方法在大多数情况下与使用%操作符类似,只是用 {} 取代%,并支持更多功能。

调用此方法的字符串可以包含字符串字面值或者以花括号 {} 括起来的替换域。每个替换域可以包含一个位置参数的数字索引,或者一个关键字参数的名称。返回的字符串副本中每个替换域都会被替换为对应参数的字符串值。

示例代码如下:

```
1. print('我叫{},今年上{}年级'.format("zhangsan",3))
```

运行结果如图2-14所示。

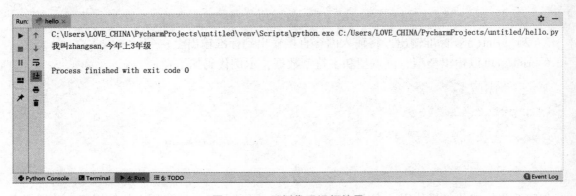

图2-14 示例代码运行结果

2.2.4 字符串转义序列

在 Python 语言中，如果需要使用的一些字符与默认的具有特殊作用的字符冲突，可以使用反斜杠"\"转义字符，告诉程序这就是一个普通字符。如单引号或双引号在 Python 语言中是起标识字符串作用的，为了避免误导程序，就可以使用"\'"和"\""。转义字符见表 2-4。

表 2-4 转义字符

转义字符	描述
\ （在行尾时）	续行符
\\	反斜杠符号
\'	单引号
\"	双引号
\a	响铃
\b	退格（Backspace）
\e	转义
\000	空
\n	换行
\v	纵向制表符
\t	横向制表符
\r	回车
\f	换页
\oyy	八进制数，yy 代表的字符，例如：\o12 代表换行
\xyy	十六进制数，yy 代表的字符，例如：\x0a 代表换行
\other	其他字符以普通格式输出

示例代码如下：

```
1. pig = "\t 我是一只小猪"
2. dog = "我是一只狗,\n 爱吃热骨头。"
3. cat = "我是\\一只\\可爱的小猫"
4.
5. eat = """
6. 我们的清单如下：
7. \t * 小猪爱吃粮食
```

```
8.  \t*小狗爱吃骨头
9.  \n\t*小猫爱吃鱼
10. """
11. 
12. print(pig)
13. print(dog)
14. print(cat)
15. print(eat)
```

运行结果如图2-15所示。

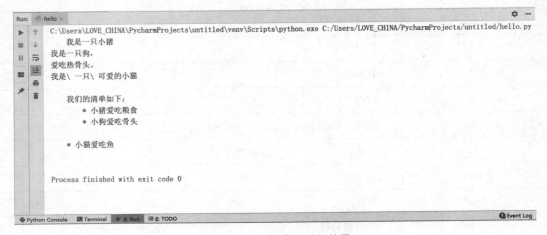

图2-15 示例代码运行结果

小提示：在字符串界定符前面加字母r或R表示原始字符串，其中的特殊字符不进行转义，但字符串的最后一个字符不能是"\"。

2.2.5 字符串常用方法

字符串常用方法是在Python1.6版本后增加的，表2-5列举的字符串常用方法实现了string模块小部分的操作，表中的字符串常用方法都支持Unicode。

表2-5 字符串常用方法

字符串常用方法	说明
len()	长度
string[start：end：step]	string：表示要截取的字符串 start：表示要截取的第一个字符的索引（包括该字符），如果不指定，则默认为0 end：表示要截取的最后一个字符的索引（不包括该字符），如果不指定，则默认为字符串的长度。 step：表示切片的步长，如果省略，则默认为1，当省略该步长时，最后一个冒号也可以省略

字符串常用方法	说明
str.split(sep, maxsplit)	使用split()方法把字符串分割成列表 str：表示要进行分割的字符串 sep：用于指定分隔符，可以包含多个字符，默认为None，即所有空字符（包括空格、换行"n"、制表符"t"等）。 maxsplit：可选参数，用于指定分割的次数，如果不指定或者为-1，则分割次数没有限制，否则返回结果列表的元素个数最多为maxsplit+1 返回值：分隔后的字符串列表
str.count(sub[, start[, end]])	用于检索指定字符串在另一个字符串中出现的次数，如果检索的字符串不存在则返回0，否则返回出现的次数。 str：表示原字符串 sub：表示要检索的子字符串 start：可选参数，表示检索范围的起始位置的索引，如果不指定，则从头开始检索 end：可选参数，表示检索范围的结束位置的索引，如果不指定，则一直检索到结尾
str.find(sub[, start[, end]])	检索是否包含指定的字符串，如果检索的字符串不存在则返回-1，否则返回首次出现该字符串时的索引
str.index(sub[, start[, end]])	和find()方法类似，也用于检索是否包含指定的字符串，当指定的字符串不存在时会抛出异常
str.startswith(prefix[, start[, end]])	检索字符串是否以指定的字符串开头，如果是则返回True，否则返回False
str.endswith(prefix[, start[, end]])	检索字符串是否以指定的字符串结尾，如果是则返回True，否则返回False

2.2.6 字符串表示 str 和 repr

（1）str：把值转换为合理的字符串，示例代码如下：

```
1. st = "how are you ?"
2. print(str(st))
```

运行结果如图2-16所示。

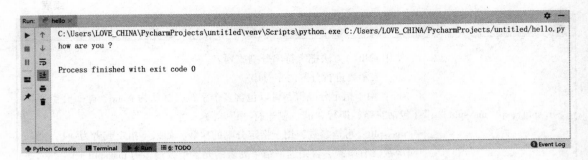

图 2-16 示例代码运行结果

（2）repr：创建一个字符串，示例代码如下：

```
1. st = "how are you ?"
2. print(repr(st))
```

运行结果如图 2-17 所示。

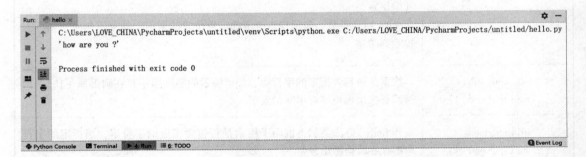

图 2-17 示例代码运行结果

2.2.7 字符串的独特性

（1）判断大小写字母、数字、标题、开头、结尾，示例代码如下：

```
1. print('123'.isdigit())
2. print('How'.upper())
3. print('How'.lower())
4. print('How'.isalpha())
5. print('How'.istitle())
6. print('How'.islower())
```

运行结果如图 2-18 所示。

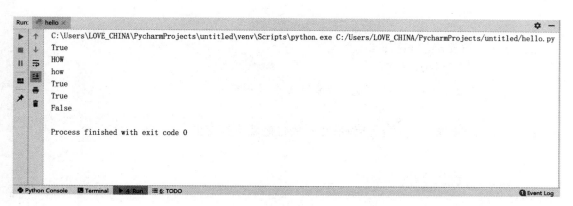

图 2-18　示例代码运行结果

（2）字符串的搜索、替换、对齐、统计、分离、连接、反转，示例代码如下：

```
1. string = "How are you ?"
2. print(string.find('How'))
3. print(string.rfind('are'))
4. print(string.replace('you','world'))
5. print(string.center(50,'*'))
6. print(string.ljust(20,'*'))
7. print(string.rjust(20,'*'))
8. print(string.split('*'))
```

运行结果如图 2-19 所示。

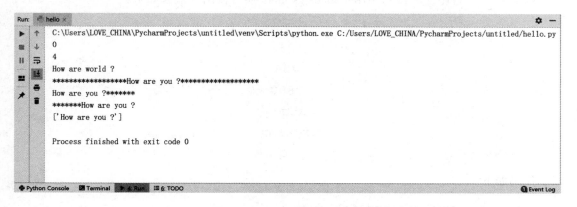

图 2-19　示例代码运行结果

例 2-2　字符串每 4 个字符输出 1 行，即如果到 4 就换行输出。代码如下：

```
1. a = '12345abcdefg'
2.
3. b = 1
```

```
4.
5.  for i in a:    #遍历 a
6.
7.      print(i, end = ' ')    #输出 i 并且不换行
8.
9.      if b % 4 == 0:    #如果是 4 的倍数就换行输出
10.
11.         print()
12.
13.      b += 1
14. print(b)
```

运行结果如图 2-20 所示。

```
C:\Users\LOVE_CHINA\PycharmProjects\untitled\venv\Scripts\python.exe C:/Users/LOVE_CHINA/PycharmProjects/untitled/hello.py
1234
5abc
defg
13

Process finished with exit code 0
```

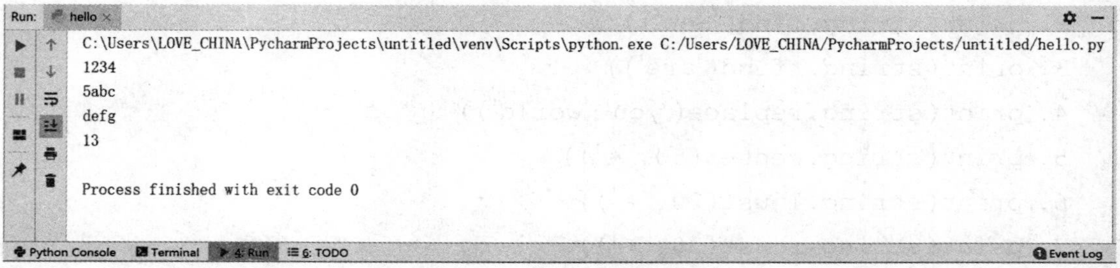

图 2-20　例 2-2 运行结果

例 2-3　字符串 a = '1234567890abcdefgklmno' 换行输出，效果如下：

```
      1
     23
    456
   7890
  abcde
 fgklmn
   o2
```

代码如下：

```
1.  a = '1234567890abcdefgklmno'
2.
3.  line = 1
4.
5.  temp = 1
6.
```

```
7.  for i in a:
8.
9.      print(i,end ='')
10.
11.     if line == temp:
12.         line +=1
13.
14.         temp = 0
15.
16.         print()
17.
18.     temp +=1
19. print(temp)
```

运行结果如图 2-21 所示。

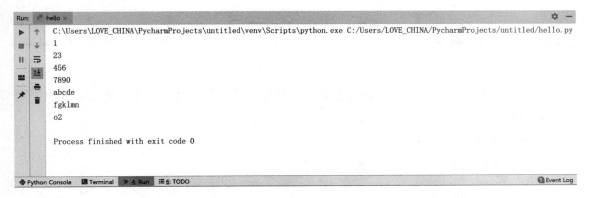

图 2-21　例 2-3 运行结果

2.3　列　表

2.3.1　列表的概念

列表（list）是通过组合一些元素得到的复合数据类型，是 Python 语言中最常用的序列类型。列表能够包含不同类型的元素，可以通过用方括号（[ ]）括起来、用逗号分隔一组元素来创建一个列表。列表是一种可变序列类型，创建后可进行增加、删除元素等操作。

2.3.2 列表的基本操作

1. 创建列表

示例代码如下：

```
1. list = "china","USA"
2. print(list)
```

运行结果如图 2-22 所示。

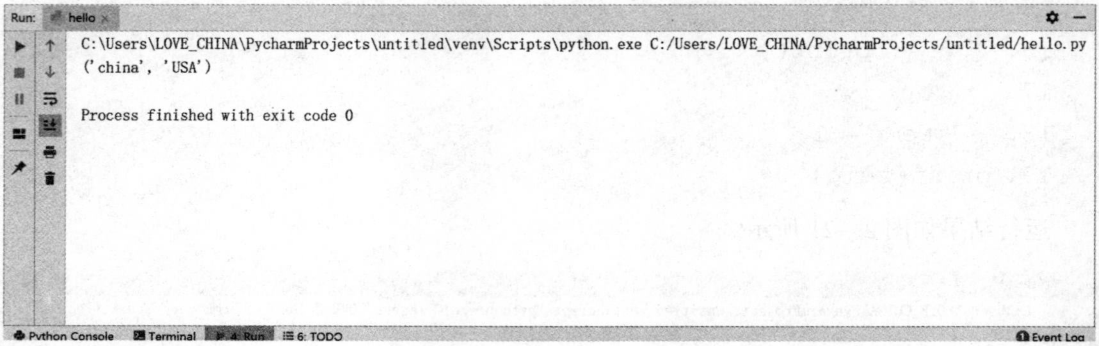

图 2-22 示例代码运行结果

与字符串的索引一样，列表索引也是从 0 开始，能进行切片、索引、组合、分割等操作。列表是可变的。

2. 删除列表

删除列表可以用 del 语句，示例代码如下：

```
1. list = "china","USA"
2. del list
3. print(list)
```

运行结果如图 2-23 所示。

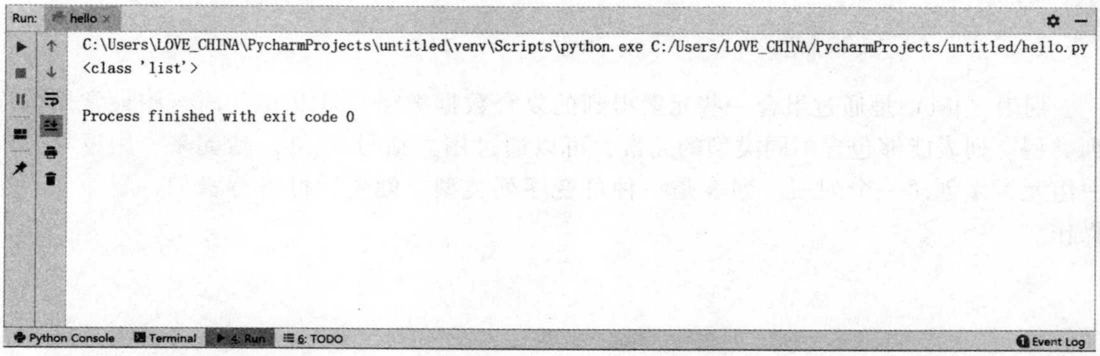

图 2-23 示例代码运行结果

3. 访问列表

可以通过使用索引进行列表中值的访问，同样也可以使用方括号的形式来访问列表。采用索引访问列表，并输出，示例代码如下：

```
1. list = ["china","USA"]
2. print(list[0])
3. print(list[1])
```

以上示例代码，通过 list[0] 直接对第一项进行访问，结果为 china。

运行结果如图 2-24 所示。

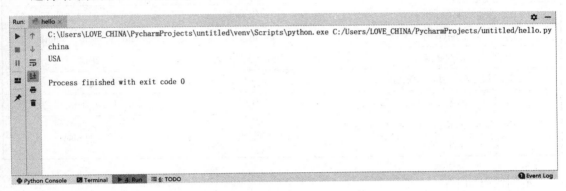

图 2-24　示例代码运行结果

4. 更新列表

可以对列表的数据进行更新或修改，也可以采用拼接的方式进行更新和修改。示例代码如下：

```
1. list = ["china","USA"]
2. list[1] = "Russia"
3. print(list)
```

运行结果如图 2-25 所示。

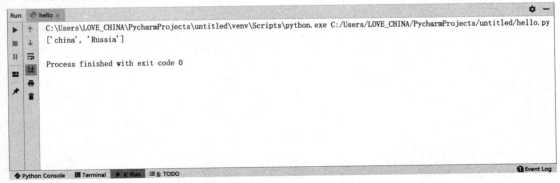

图 2-25　示例代码运行结果

通过运行结果可以看出，list[1] 对列表中的数据进行了修改，将 USA 修改成了 Russia。

2.3.3 列表操作符

列表操作符"+"和"*"与字符串操作符相似。"+"用于组合列表,"*"用于重复列表。

常用列表操作符见表2-6。

表2-6 常用列表操作符

常用列表操作符	功能	结果
len([5,6,7])	长度	3
[3,4,5]+[1,2]	组合	[1,2,3,4,5]
["hello"]*3	重复	["hello","hello","hello"]
2 in [3,4,2]	元素是否在列表中	True
for x in [2,3,4]:print(x,end=" ")	迭代	2 3 4
[1,2]>[3,4],[3,4]<[5,6]	比较	False,True
[1,2]<[3,4] and [5,4] [1,2]>[3,4] and [5,4]	逻辑	[5,4] False

示例代码如下:

```
1. a=[1,2,3]
2. b=[4,5,6]
3. print(len(a))
4. print(a+b)
5. print(b*4)
6. print(5 in b)
7. print(a>b)
8. print(a<b)
9. print(a<b and a)
```

运行结果如图2-26所示。

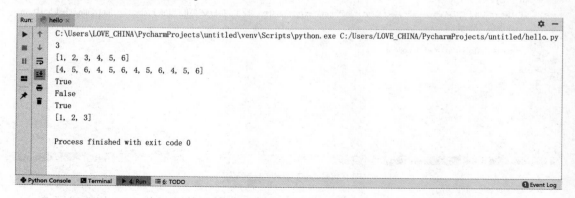

图2-26 示例代码运行结果

2.3.4 列表的特性

Python 语言的列表特性类似于字符操作。列表的特性方法见表 2-7。

表 2-7 列表的特性方法

特性方法	输出结果	说明
L[3]	"张三"	读取列表中的第 3 个元素
L[-2]	"china"	读取列表中的倒数第 2 个元素
L[1:]	["china","lili","张三"]	从第 2 个元素开始截取

使用 L[3]、L[-2] 和 L[1:] 读取列表,示例代码如下:

```
1. L =['UK','china','lili','张三']
2. print(L[3])
3. print(L[-2])
4. print(L[1:])
```

2.3.5 列表方法

列表方法见表 2-8。

表 2-8 列表方法

列表方法	说明
append(a)	将 a 添加到列表中
extend(L)	将 L 中的元素添加到列表中
insert(i, a)	在 i 索引处添加 a
remove(a)	在列表中删除 a,如果 a 不存在,则抛出异常
pop([i])	删除并返回列表中 i 的索引,默认索引为 -1
index(a)	返回列表中 a 的索引,如果 a 不存在,则抛出异常
count(a)	返回列表中 a 的出现次数
reverse()	对列表的所有元素进行逆序操作
Sort(key = None, reverse = True)	对列表排序,key 是排序规则;reverse 为 True 表示降序,为 False 表示升序

使用 append() 方法在列表的末端追加对象,示例代码如下:

```
1. a = ['a','c','d']
2. #将元素 'e' 添加到列表中
3. a.append('e')
4. #将索引为 1 元素的修改成 'y' 元素
5. a.insert(1,'y')
6. #在列表末尾添加 's' 'o' 元素
7. a.append('s','o')
8. print(a)
```

运行结果如图 2-27 所示。

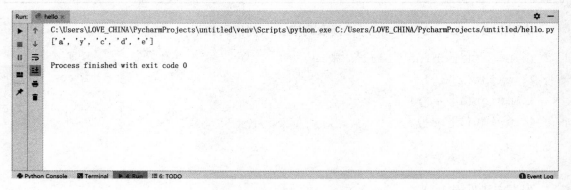

图 2-27 示例代码运行结果

例 2-4 编写用户登录系统

需求：(1) 系统里有多个用户，用户的信息目前保存在列表里面，如下所示：

```
users = ['root','123']
passwd = ['123','456']
```

(2) 判断用户登录是否成功：
①判断用户是否存在；
②如果存在，判断用户密码是否正确：
a. 如果密码正确，登录成功，退出循环；
b. 如果密码不正确，重新登录，总共有 3 次机会。
③如果用户不存在，重新登录，总共有 3 次机会。
代码如下：

```
1. #定义列表,用来记录用户名和密码
2. users = ['123','1234']
3. passwds = ['123','456']
4. #定义尝试登录的次数
5. trycount = 0
```

```python
6.
7.    #判断尝试登录次数是否超过3次
8.    while trycount <3:
9.        #接收用户输入的用户名和密码
10.       inuser = input("用户名:")
11.       inpasswd = input("密码:")
12.
13.       trycount += 1
14.       # 判断用户是否存在
15.       if inuser in users:
16.           #先找出用户对应的索引值
17.           index = users.index(inuser)
18.           # 找出密码列表中对应的索引值的密码
19.           passwd = passwds[index]
20.           # 判断输入的密码是否正确
21.           if inpasswd == passwd:
22.               print("%s 登录成功" % (inuser))
23.               break
24.           else:
25.               print("%s 登录失败:密码错误!" % (inuser))
26.       else:
27.           print("用户%s 不存在" % (inuser))
28.   else:
29.       print("已经超过3次机会")
```

运行结果如图2-28所示。

```
C:\Users\LOVE_CHINA\PycharmProjects\untitled\venv\Scripts\python.exe C:\Users\LOVE_CHINA\PycharmProjects\untitled/hello.py
用户名:123
密码:123
123登陆成功

Process finished with exit code 0
```

图2-28 例2-4 运行结果

例2-5 管理员管理会员信息系统。

需求:(1)管理员只有一个用户,用户名:admin,密码:123。
(2)当管理员登录成功后,可以管理会员信息。
(3)会员信息管理的内容包含:
①添加会员信息;
②删除会员信息;
③查看会员信息;
④退出。
(4)添加用户:
①判断用户是否存在;
②如果存在,报错;
③如果不存在,添加用户名和密码到列表中。
(5)删除用户:
①判断用户名是否存在;
②如果存在,删除;
③如果不存在,报错。
代码如下:

```
1.   print('管理员登录界面'.center(50,'*'))
2.   #初始会员信息
3.   users = ['admin','123']
4.   passwds = ['123','234']
5.
6.   #接收用户输入的用户名和密码
7.   inuser = input("用户名:")
8.   inpasswd = input("密码:")
9.
10.  if inuser =='admin':
11.      if inpasswd =='admin':
12.          print("管理员%s登陆成功" % (inuser))
13.          while True:
14.              print("""
15.              ********** 操作目录 **********
16.              1.添加会员信息
17.              2.删除会员信息
18.              3.查看会员信息
19.              4.退出
20.              """)
21.              option = input('请输入你想执行的操作:')
```

```
22.            if option =='1':
23.                print('添加会员信息'.center(50,'*'))
24.                adduser = input('用户名:')
25.                addpasswd = input('密码:')
26.                if adduser in users:
27.                    print('添加失败,该会员信息已经存在!')
28.                else:
29.                    users.append(adduser)
30.                    passwds.append(addpasswd)
31.                    print('添加信息成功!')
32.            elif option =='2':
33.                print('删除会员信息'.center(50,'*'))
34.                deluser = input('用户名:')
35.                if deluser not in users:
36.                    print('删除失败,该会员信息不存在!')
37.                else:
38.                    #找出想删除的用户对应的索引值
39.                    delindex = users.index(deluser)
40.                    #删除用户,remove 表示删除列表中的元素
41.                    users.remove(deluser)
42.                    #按照索引值删除密码,pop 也表示删除列表中的元素,区别在于,它可以按索引值来删除
43.                    passwds.pop(delindex)
44.                    print('删除信息成功!')
45.            elif option =='3':
46.                print('查看会员信息'.center(50,'*'))
47.                #记录 users 列表的长度(即列表中元素的个数)
48.                count = len(users)
49.                for i in range(0,count):
50.                    print('用户名:% s    密码:% s' % (users[i],passwds[i]))
51.            elif option =='4':
52.                exit()
53.            else:
54.                print('请输入正确的操作指令')
55.        else:
56.            print("% s登录失败:密码错误!" % (inuser))
57. else:
58.     print("用户% s不存在" % (inuser))
```

运行结果如图 2-29 所示。

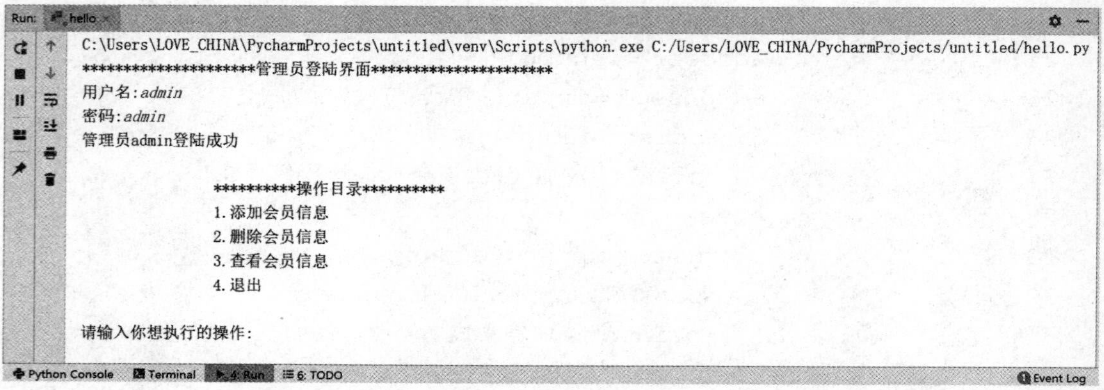

图 2-29　例 2-5 运行结果

2.4　元　组

2.4.1　元组的概念

元组（tuple）与列表相似，两者的区别在于元组是不可变序列类型，其包含的元素不能被修改。用小括号将元素括起来，并用逗号分隔即可创建元组。

2.4.2　元组的基本操作

创建元组和访问元组，示例代码如下：

```
1. tup1 = ('a','b')
2. tup2 = (1,2,3)
3. tup3 = "china","USA"
4. tup4 = ()
5. print(tup1)
6. print(tup2)
7. print(tup3)
8. print(tup4)
```

运行结果如图 2-30 所示。

元组中的元素是不允许修改的，这是元组的特性决定的，但可以通过对元组连接组合修改元组中的元素。示例代码如下：

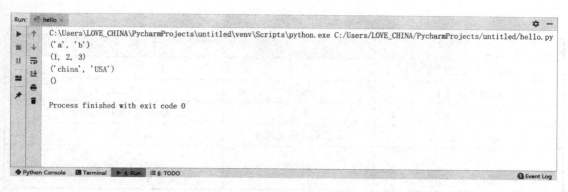

图2-31 示例代码运行结果

```
1. tup1 = ('a','b')
2. tup2 = (1,2,3)
3. tup3 = "china","USA"
4. tup4 = tup1 + tup2 + tup3
5. print(tup1)
6. print(tup2)
7. print(tup3)
8. print(tup4)
```

运行结果如图2-31所示。

图2-31 示例代码运行结果

2.4.3 元组操作符

元组操作符"+"和"*"与字符串操作符相似。"+"用于组合元组,"*"用于重复元组。

常用元组操作符见表2-9。

表 2-9 常用元组操作符

常用元组操作符	功能	结果
len([5,6,7])	长度	3
[3,4,5] + [1,2]	组合	[1,2,3,4,5]
["hello"]*3	重复	["hello","hello","hello"]
2 in [3,4,2]	元素是否在元组中	True
for x in [2,3,4]: print(x, end=" ")	迭代	2 3 4

示例代码如下:

```
1. tup1 = ('a','b')
2. tup2 = (1,2,3)
3. tup3 = "china","USA"
4. tup4 = tup1 + tup2 + tup3
5. print(len(tup1))
6. print(tup2*2)
7. print('china'in tup3)
8. print(tup4)
```

运行结果如图 2-32 所示。

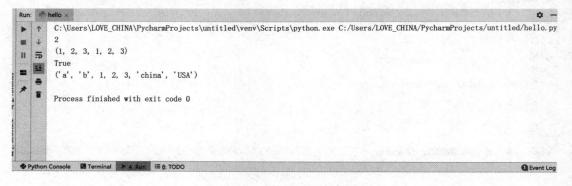

图 2-32 示例代码运行结果

2.4.4 元组方法

(1) count()方法：获取指定元素在元组中出现的次数。
格式：

count(<value>)

示例代码如下：

```
1. tup = "china","USA"
2. print(tup.count("USA"))
```

运行结果如图2-33所示。

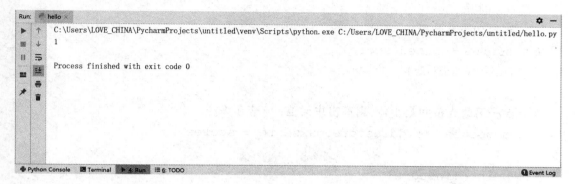

图2-33 示例代码运行结果

(2) index()方法：获取某个元素的索引位置。

格式：

index(<value>[,start = <value>][,stop = <value>])
start,stop 表示起始位置和结束位置,如果不指定则从0开始。

示例代码如下：

```
1. tup = "china","USA"
2. print(tup.index("USA"))
```

运行结果如图2-34所示。

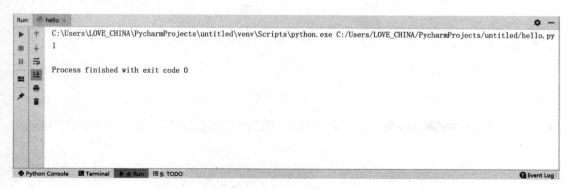

图2-34 示例代码运行结果

例2-6 评委打分标准：去掉一个最高分和一个最低分，求平均分。
代码如下：

```
1.  #1 定义元组
2.  score = (100,70,96,55,77)
3.
4.  #2 排序
5.  # sorted:升序
6.  scores = sorted(score)
7.  print(scores)
8.
9.  #分离最大值和最小值,剥离出中间值;*表示多个
10. minscore,*middlescore,maxscore = scores
11.
12. print(minscore)
13. print(middlescore)
14. print(maxscore)
15.
16. #求平均值
17. average = sum(middlescore)/len(middlescore)
18.
19. print('最终成绩为:%.2f'% average)
```

运行结果如图 2-35 所示。

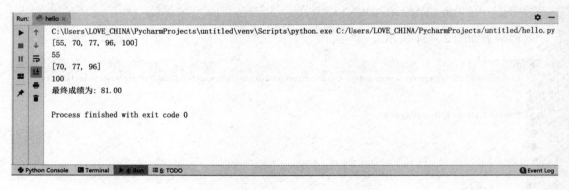

图 2-35 例 2-6 运行结果

本章小结

　　本章主要介绍了 Python 语言的序列、字符串、列表和元祖的基本概念和基本语法。各小节中分别通过实例进行了理论知识的应用和实践,以让读者更好地理解基础概念和基础实践操作,为深入学习打下良好的根基。

课后习题

一、选择题

1. 执行下列语句的输出结果为（　　）。

```
L = ['UK','china','lili','张三']
print(L)
```

A. UK　　　　　　　　　　　　　　B. 'lili'，'张三'
C. ['UK'，'china'，'lili'，'张三']　　D. 'UK'，'china'，'lili'

2. m = " how are you"，m[2]的值是（　　）。
A. H　　　　　B. o　　　　　C. w　　　　　D. ho

3. 下面代码的执行结果为（　　）。

```
tup = "china","USA"
print(tup.index("USA"))
```

A. China　　　B. china,USA　　　C. USA　　　D. china

4. [1,2,3]+[4,5] 的结果是（　　）。
A. [5][10]　　　　　　　　　　B. [1,2,3][4,5]
C. [15]　　　　　　　　　　　D. [1,2,3,4,5]

5. 关于Python语言序列类型的通用操作符和函数，以下描述中错误的是（　　）。
A. 如果x不是s的元素，xnotins返回True
B. 如果s是一个序列，s=[1,"kate",True]，s[3]返回True
C. 如果s是一个序列，s=[1,"kate",True]，s[-1]返回True
D. 如果x是s的元素，xins返回True

6. （　　）数据是不可变化的。
A. 列表　　　　B. 元组　　　　C. 字典　　　　D. 字符串

7. 对于序列a，能够返回序列a中第i~j以k为步长的元素子序列的表达是（　　）。
A. a(i,j,k)　　B. a[i;j;k]　　C. a[i,j,k]　　D. a[i:j:k]

8. （　　）不是具体的Python语言序列类型。
A. 字符串类型　　　　　　　　B. 数组类型
C. 列表类型　　　　　　　　　D. 元组类型

9. 设有序列a，以下对max(a)的描述中正确的是（　　）。
A. 返回序列a的最大元素，如果有多个相同，则返回一个列表类型
B. 返回序列a的最大元素，如果有多个相同，则返回一个元组类型
C. 一定能够返回序列a的最大元素
D. 返回序列a的最大元素，但要求序列a中元素之间可比较

10. 以下不能创建一个字典的语句是（　　）。
A. dict1 = {}　　　　　　　　　　B. dict2 = {3:5}
C. dict3 = dict([2,5],[3,4])　　　D. dict4 = dict(([1,2],[3,4]))

11. 下列函数中，用于返回元组中元素最小值的是（　　）。
　　A．len(　)　　　　B．max(　)　　　　C．min(　)　　　　D．tuple(　)

二、填空题

1. Python 语言序列类型包括_____、_____和元组 3 种；_____是 Python 语言中唯一的映射类型。
2. Python 语言中的可变数据类型有_____，不可变数据类型有字符串、数字和_____。
3. 数字、元组、字符串是 Python 语言的_____（可变/不可变）序列类型。
4. 表达式"[1,2,3]*3"的执行结果为_____。
5. 转义字符 '\n' 的含义是_____。
6. 设 L = ['1','2','3','4','5','6','7','8','9']，则 L[3]的值是_____，L[3:5]的值是_____，L[:5]的值是_____，L[3:]的值是_____，L[-5:-2]的值是_____，L[::2]的值是_____。
7. print(-5//4) 的结果是_____。

三、判断题

1. 列表的索引是从 0 开始的。　　　　　　　　　　　　　　　　　　　（　　）
2. 通过 insert(　) 方法可以在指定位置插入元素。　　　　　　　　　　（　　）
3. 使用下标能修改列表中的元素。　　　　　　　　　　　　　　　　　（　　）
4. 列表的嵌套是指一个列表的元组是另一个列表。　　　　　　　　　　（　　）
5. 通过下标索引可以修改和访问元组的元素。　　　　　　　　　　　　（　　）
6. 字典中的值只能是字符串类型。　　　　　　　　　　　　　　　　　（　　）
7. 在字典中，可以使用 count(　) 方法计算键值对的个数。　　　　　　（　　）

四、简答题

1. 列表和元组有什么区别？
2. 声明变量的注意事项有哪些？
3. 列表和字典的常见用法有哪些？

五、编程题

1. 字符串只有可能有 A、B、C 三个字母组成，如果任何紧邻的三个字母相同，就非法。求长度为 n 的合法字符串有多少个？比如：ABBBCA 是非法，ACCBCCA 是合法的。
2. 编写一个确定一字符串在另一字符串中出现次数的算法。例如字符串"this"在字符串"this is my first program. this…"中出现了 2 次，不要使用库函数（方法）？
3. 编写一个 C 函数，将"I am from shanghai"倒置为"shanghai from am I"，及将句子中的单词位置倒置，而不改变单词内部结构。
4. 求一个字符串中出现频率最高的那个字符及其出现次数。
5. 给一个字符串，有大小写字母，要求写一个函数把小写字母放在前面，大写字母放在后面，尽量使用最小的空间、时间复杂度。
6. 编写一个函数，用于判断用户输入的字符串是否由小写字母和数字构成。

第 3 章 Python 程序控制结构

本章要点

(1) 选择语句；
(2) for 语句和 while 语句；
(3) 带 else 子句。

引言

Python 程序设计包括 3 种基本结构：顺序结构、选择结构和循环结构。顺序结构的程序中，语句按各自在程序中出现的先后顺序进行执行；选择结构的程序可以根据条件来控制语句的执行，Python 语言用 if 语句实现选择结构；循环结构可以重复执行某个语句块或语句，在满足条件的情况下，语句被执行一次或多次，使用循环结构可以减少代码的重复书写，减少代码量，使程序结构清晰。Python 语言可使用 for 语句和 while 语句实现循环结构。程序员利用 if 语句、for 语句和 while 语句这 3 种控制语句能够解决复杂的算法及业务逻辑等程序问题。本章详细介绍顺序结构、选择结构和循环结构。

3.1 顺序结构

顺序结构指程序按其语句的先后顺序执行，只有执行了前一步，才能执行后一步，如图 3-1 所示。

图 3-1 顺序结构

例 3-1 实现 a, b 间的数值交换。

代码及其执行顺序如图 3-2 所示。

图 3-2 例 3-1 代码及其执行顺序

3.1.1 赋值语句

赋给某一个变量一个具体的值的语句叫作赋值语句。在算法语句中，赋值语句是最基本的语句。

赋值语句包含 3 部分——左值、赋值运算符和右值，如图 3-3 所示。

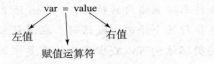

图 3-3 赋值语句的组成

这条语句让 var 指向 value，左值必须是变量，而右值可以是变量、值或结果为值的任何表达式。赋值语句有两个用途——定义新的变量、让已定义的变量指向特定值，如图 3-4 所示。

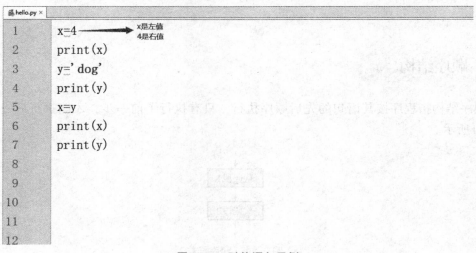

图 3-4 赋值语句示例

3.1.2 基本输入和输出

1. 输入

Python 语言提供了一个 input( ) 函数，可以让用户输入字符串，并存放到一个变量里面，如图 3－5 所示。

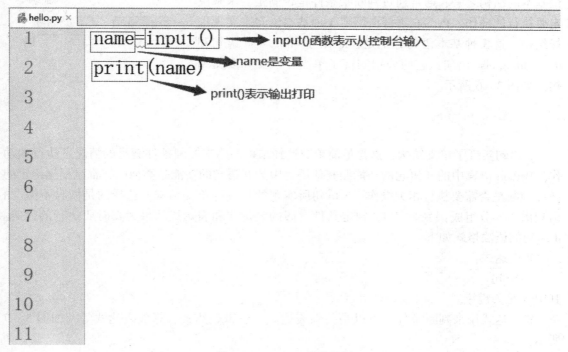

图 3－5　input( ) 函数示例

从图 3－5 中可以看出，当输入名字的时候，input( ) 函数直接接受，并把这个用户输入的名字以字符串的形式赋给了 name。

小提示：输入名字时，input( ) 是将名字当作文本赋给了变量 name，输出结果还是文本，这与 Python2 版本中的 raw_input( ) 函数是一样的，所以，在 Python3 版本中将 Python2 版本中的 input( ) 删除了，把 raw_input( ) 的名称改成了 input( )，这样在使用数字的时候就需要进行转换，所以在输入数字的时候一定要进行转换。

2. 输出

用 print( ) 函数可以向屏幕上输出指定的文字，比如输出"张三"，代码如下：

```
print("zhangsna")
```

print( ) 函数也可以输出多个字符串，将字符串用逗号","隔开即可，如：

```
print("zhangsna","lifei","lili")
```

小提示：多个字符串必须用逗号","隔开。print( ) 函数也可以输出数字。

3.2 选择结构

在编程时会遇到选择 A 或者选择 B，甚至更多选择的情况，这时可以考虑使用选择结构，选择结构是 Python 语言中最基本的结构之一，通常通过判断某条件是否满足要求来决定要执行的动作。Python 语言提供了 3 种基本语句来实现选择结构，这 3 种基本语句分别是：if 语句、if...else 语句和 if...elif...else 语句，它们分别实现了单支、双支和多支结构，如图 3-6 所示。

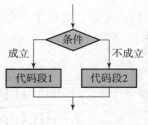

图 3-6 选择语句

3.2.1 if 语句

if 语句实现了单支结构，这是最简单的选择结构，用来控制条件满足的情况下执行的动作。Python 语言中的 if 语句的功能跟其他语言中的 if 语句的功能是类似的，都是根据给定的条件判断是否需要执行相关操作。if 语句所实现的是一种单支结构，选择的是做与不做。if 语句由 3 部分组成：关键字 if、判定条件真假的表达式和表达式结果为真时要执行的代码。if 语句的语法格式如下：

  if 表达式：
    语句
其中 if 是关键字。

if 表达式用来判断条件，可以是关系表达式、逻辑表达式、算数表达式等，如图 3-7 所示：

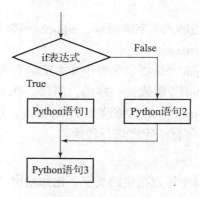

图 3-7 if 语句流程

if 表达式后面的冒号表示模块开始，是必不可少的。
语句是条件判断后的结果执行的代码块，每个语句的缩进必须一致。
示例代码如下：

```
1. #声明变量x
2. x = 1
3. #声明变量y
4. y = 2
5. #x < y 表示判断条件是真还是假
6. #if 是关键词
7. if x < y:
8. print("hello")
```

该程序为单支结构，输入的值小于 y 时，条件为真，执行输出命令。输入的值大于 y 时，条件为假，不执行输出命令。

3.2.2 else 子句

else 语句也可以叫作 else 子句，因为 else 不能单独使用，必须在 if、for、while 语句的内部使用。else 子句可以增加一个选择条件。一般情况下 else 子句跟 if 语句连用，如图 3 - 8 所示。

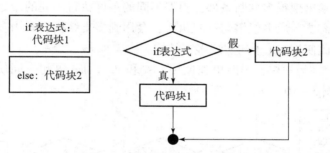

图 3 - 8　if...else 语句流程

示例代码如下：

```
1. #声明变量x
2. x = 3
3. #声明变量y
4. y = 2
5. if x < y:
6.     print("正确")
7. #else 子句
8. else:
9.     print("重新输入")
```

程序首先判断 if 语句的条件是否为真，如果为真，对应语句块会被执行。如果 x < y 成立，那么"print("正确")"会被执行。但 x < y 不成立，显然 if 语句的条件为假，对应语句块不会被执行。如果第一个语句块没被执行，那么就会执行第二个语句块。

以示例中的数据来说，if...else 语句的判断检查方式是，如果 x < y 成立就输出 "正确"，否则输出 "错误"。因为 else 子句没有条件可设置，所以 if 条件不能被满足（为假）时，else 子句块的内容就会被无条件输出。

运行结果如图 3-9 所示。

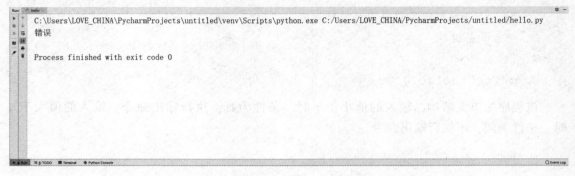

图 3-9　示例代码运行结果

3.2.3　elif 子句

在生活中，常常出现很多判断条件，根据不同的条件执行不同的命令。这个问题转化成计算机程序语言就需要分成多组语句一起执行，会用到多支结构，利用多支语句能够实现复杂的业务需要，对此使用 elif 子句实现多支结构。

elif 子句跟 else 字句一样，不能单独使用，要和 if...else 语句一同使用，实际上 elif 是 else if 的缩写，如图 3-10 所示。

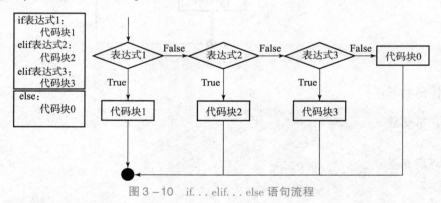

图 3-10　if...elif...else 语句流程

多支结构的语法格式如下：
if 表达式 1：
　　语句 1
elif 表达式 2：
　　语句 2
...
else：
　　语句

示例代码如下：

```
1.  x = 3
2.  y = 2
3.  z = 1
4.  if x < y:
5.      print("正确")
6.  elif z < x:
7.      print("输出 Z")
8.  else:
9.  print("重新输入")
```

运行结果如图 3－11 所示。

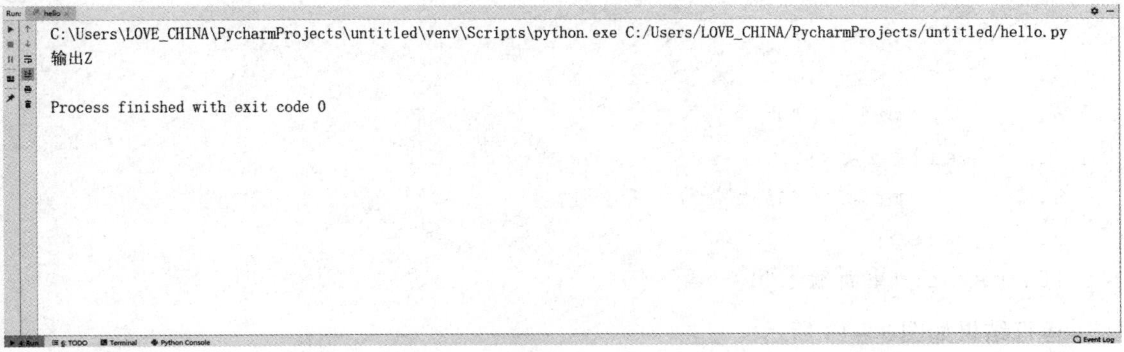

图 3－11 示例代码运行结果

从上述代码和执行结果看，x < y，不满足条件，所以执行 elif 子句的条件，z < x，满足条件，所以执行输出命令。

小提示：

（1）else、elif 为子句，不能单独使用。

（2）一个 if 语句中可以出现多个 elif 子句，但结尾只能有一个 else 子句。

3.2.4 嵌套的 if 语句

前面详细介绍了 3 种形式的条件语句，即 if 语句、if...else 语句和 if...elif...else 语句，这 3 种条件语句之间可以相互嵌套，如图 3－12 所示。

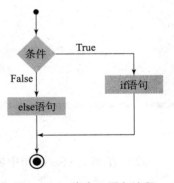

图 3－12 嵌套 if 语句流程

其基本语法格式如下：

```
if 表达式 1：
    if 表达式 2：
        语句 2
    elif 表达式 3：
```

　　　　语句3
　　　　...
　　else：
　　　　语句

该语句的作用是首先判断条件if表达式1，如果判断结果为真，接着判断if表达式2，若判断结果还是为真，则执行语句2，否则判断条件elif表达式3，程序继续执行。如果判断elif表达式3的结果是假，则执行else子句。

例如：

（1）if语句中嵌套if...elif...else语句，示例代码如下：

```
1.  x = 3
2.  y = 2
3.  z = 1
4.  if z < y:
5.      if x < y:
6.          print("正确")
7.      elif z < x:
8.          print("输出Z")
9.      else:
10. print("重新输入")
```

运行结果如图3-13所示。

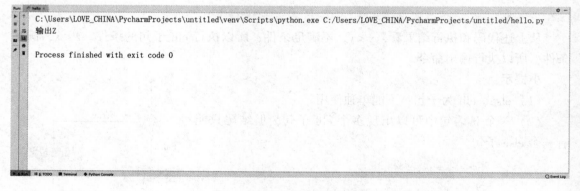

图3-13　示例代码运行结果

（2）在if...else语句中嵌套if...else语句，示例代码如下：

```
1.  x = 3
2.  y = 2
3.  z = 1
4.  if z < y:
```

```
5.    if x<y:
6.        print("正确")
7.    else:
8.        print("错误")
9. else:
10.    print("重新输入")
```

运行结果如图 3-14 所示。

```
C:\Users\LOVE_CHINA\PycharmProjects\untitled\venv\Scripts\python.exe C:/Users/LOVE_CHINA/PycharmProjects/untitled/hello.py
输出 Z

Process finished with exit code 0
```

图 3-14　示例代码运行结果

小提示：Python 语言中，if、if…else 和 if…elif…else 语句之间可以相互嵌套，因此，在开发程序时，需要根据需要选择合适的嵌套方案。需要注意的是，在相互嵌套时，一定要严格遵守不同级别代码块的缩进规范。选择结构中还可以嵌套循环结构，同样，循环结构中也可以嵌套选择结构。不过，由于目前尚未介绍循环结构，因此这部分知识在后续章节中作详细讲解。

3.3　循环结构

在日常生活中，常常能遇见复杂重复的问题。在 Python 语言中，可以使用循环结构解决复杂重复的问题。循环结构适用于反复执行相同的算法。

循环结构是在一定条件下，反复执行某段程序的控制结构，反复执行的程序结构称为循环体，循环结构是程序构成的一个重要部分，主要通过循环语句来实现。Python 语言中的循环语句包括 while 语句和 for 语句两种。

3.3.1　while 语句

在 Python 语言中，while 语句用于在条件成立时重复执行相应的语句，处理重复的命令。while 语句一般用于循环次数可以确定的情况。

有时候需要根据初始条件判断是否进行循环，当条件不满足要求时，循环结束。这种循环可以用 while 语句来实现，如图 3-15 所示。

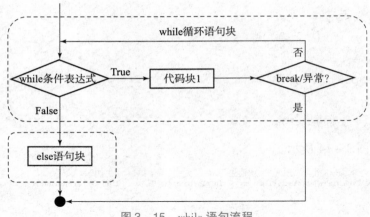

图 3-15 while 语句流程

while 语句的基本语法格式如下：
while 条件表达式：
　　循环体
示例代码如下：

```
1. x = 4
2. #while 循环
3. while(x < 10):
4.     x += 1
5. print(x)
```

运行结果如图 3-16 所示。

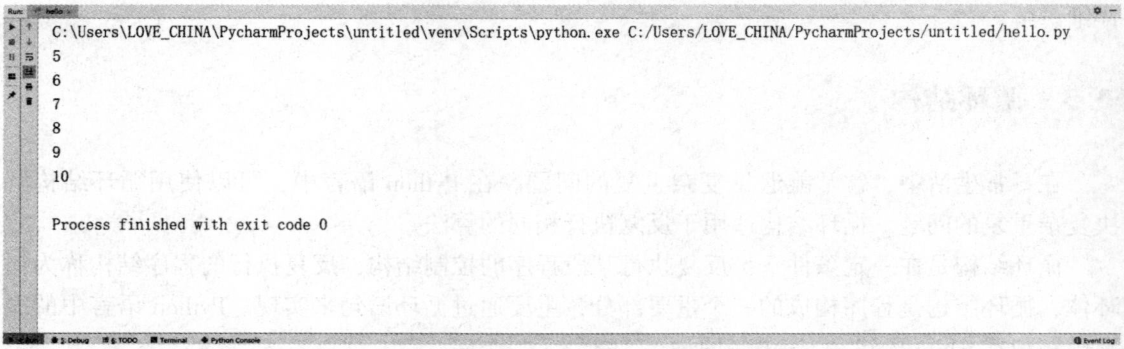

```
C:\Users\LOVE_CHINA\PycharmProjects\untitled\venv\Scripts\python.exe C:/Users/LOVE_CHINA/PycharmProjects/untitled/hello.py
5
6
7
8
9
10

Process finished with exit code 0
```

图 3-16 示例代码运行结果

从上述代码和运行结果来看，while 语句先判断条件表达式 x < 10，如果条件满足，则执行循环体 x += 1 并输出结果，然后再判断条件是否还满足，如果判断条件仍然满足，则继续执行循环体 x += 1 并再次输出结果，直到判断条件不满足，跳出循环体，执行循环体外的其他语句。

例如：利用 while 语句计算 1 + 2 + 3 + ... + 100。
可以使用两个变量 i 和 sum。变量 i 用于控制循环次数，初始值为 0 或者 1，在循环体中每次加1,在 while 语句中判断条件为 i<100;变量 sum 用于求和,负责存储循环体中每次加1的值。编写代码如下:

第一种写法:

```
1. def hello():
2.     sum = 0
3.     i = 0
4.     while i < 100:
5.         sum += i
6.         i += 1
7.     print(sum)
8. hello()
```

第二种写法:

```
1. def hello():
2.     sum = 0
3.     i = 1
4.     while i < 101:
5.         sum += i
6.         i += 1
7.     print(sum)
8. hello()
```

小提示:如果条件判断语句永远是 True,循环将会无限地执行下去,这种情况称为"死循环",应该避免。

3.3.2 for 语句

for 语句是 Python 语言中使用最广泛的,for 语句可以遍历任何序列的项目,例如一个列表、一个集合或者一个字符串,如图 3-17 所示。

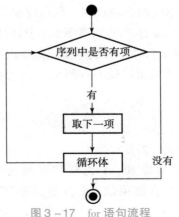

图 3-17 for 语句流程

for 语句的语法格式如下：
for 取值 in 对象集合
　　循环体
for 语句的执行过程是：每次循环，判断循环索引值是否还在对象集合中，如果在的话，执行循环体，否则结束循环，执行循环体外的语句。

示例代码如下：

```
1. x = 4
2. #x 为遍历的次数
3. for i in range(x):
4.     x += 1
5. print(x)
```

while 循环和 for 循环都可以带 else 子句，如果循环的判断条件不成立，则执行 else 子句中的语句；如果想提前结束循环可以使用 break 语句。while 循环中带 else 子句的语法格式如下：

while 条件表达式：
　　循环体
else：
　　语句

for 循环中带 else 子句的语法格式如下：
　for 取值 in 对象集合：
　　循环体
else：
　　语句

示例代码中，i 是一个变量，x 是一个序列。for 循环的执行次数是由序列中的元素数目决定的。可以理解为：for 循环从序列中逐个遍历取出元素，放到循环中，对序列中的每一个元素都执行一次，序列可以是字符串、列表、集合或者 range( ) 函数等。

下面介绍 range( ) 函数：

前面介绍的 for 循环是一种迭代的循环机制，和传统编程语言中的 for 循环有所不同。那么，Python 语言能不能提供传统 for 循环的功能呢？（循环从一个数字开始计数到另一个数字，一旦到达最后的数字或者某个条件不再满足就立刻退出循环）。

Python 语言提供的 range( ) 函数可以让 for 循环实现上面的功能。range( ) 函数的语法格式如下：

```
range(1,5,2)
```

其中 1 表示开始值，5 表示结束值，2 表示步长。

range( ) 函数会返回一个整数序列，1 为整数序列的起始值，5 为整数序列的结束值，在生成的整数序列中，不包含结束值，2 为整数序列中递增的步长，默认为 1。示例代码如下：

```
1.  x = 0
2.  #range(1,10,2)中 1 表示开始值,10 表示结束值,2 表示步长
3.  for i in range(1,10,2):
4.      x += 1
5.  print(x)
```

3.3.3 循环嵌套

Python 程序中,如果把一个循环放在另一个循环体内,就可以形成循环嵌套。循环嵌套既可以是 for 循环嵌套 while 循环,也可以是 while 循环嵌套 for 循环,即各种类型的循环都可以作为外层循环,各种类型的循环也都可以作为内层循环。

当程序遇到循环嵌套时,如果外层循环的循环条件允许,则开始执行外层循环的循环体,而内层循环将被外层循环的循环体来执行(只是内层循环需要反复执行自己的循环体而已)。只有当内层循环执行结束且外层循环的循环体也执行结束时,才会通过判断外层循环的循环条件,决定是否再次开始执行外层循环的循环体。

根据上面的分析,假设外层循环的循环次数为 n,内层循环的循环次数为 m,那么内层循环的循环体实际上需要执行 n×m 次。循环嵌套的执行流程如图 3 – 18 所示。

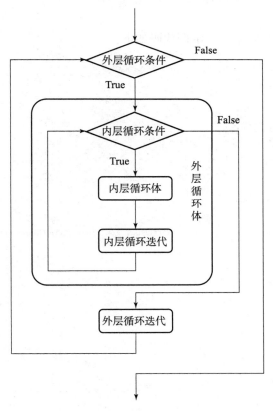

图 3 – 18　循环嵌套的执行流程

下面几种循环嵌套都是合法的：
(1) while 循环嵌套 while 循环。
　　while 表达式1：
　　　　while 表达式2：
　　　　　　循环体
(2) while 循环嵌套 for 循环。
　　while 表达式：
　　　　for 取值 in 对象集合：
　　　　　　循环体
(3) for 循环嵌套 while 循环。
for 取值 in 对象集合：
　　while 表达式：
　　　　循环体
(4) for 循环嵌套 for 循环。
　　　　for 取值 in 对象集合1：
　　　　　　for 取值 in 对象集合2：
　　　　　　　　循环体

例如：
(1) for 循环嵌套 while 循环，示例代码如下：

```
1. x = 0
2. for i in range(1,10,2):
3.     x += 1
4.     while(i == 5):
5.         ++i
6.         print(x)
```

运行结果如图3-19所示。

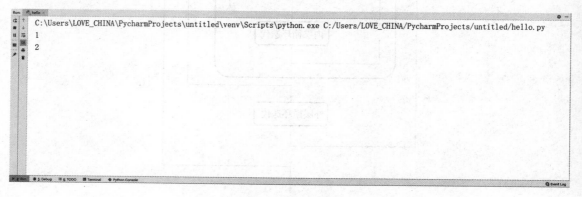

图3-19　示例代码运行结果

(2) for 循环嵌套 for 循环，示例代码如下：

```
1. x = 0
2. sum = 0
3. for i in range(1,10,2):
4.     x += 1
5.     j = 0
6.     for j in range(5,10):
7.         sum = j + i
8.     print(sum)
```

运行结果如图 3-20 所示。

```
C:\Users\LOVE_CHINA\PycharmProjects\untitled\venv\Scripts\python.exe C:/Users/LOVE_CHINA/PycharmProjects/untitled/hello.py
10
12
14
16
18

Process finished with exit code 0
```

图 3-20 示例代码运行结果

例 3-1 用 for 循环实现用户登录需求:
(1) 输入用户名和密码;
(2) 判断用户名和密码是否正确 (name = 'root', passwd = 'westos');
(3) 仅有 3 次登录机会,错误超过 3 次会报错。
代码如下:

```
1.  print('欢迎来到用户登录界面'.center(50,'*'))
2.  判断用户名和密码是否正确(name = '123',passwd = '123')
3.  #记录登录次数
4.  trycount = 0
5.
6.  for i in range(3):
7.      # 接收用户输入的用户名和密码
8.      user = input('用户名:')
9.      passwd = input('密码:')
10.     # 每输入一次,登录次数便加 1
11.     trycount += 1
12.     # 判断用户名是否正确
13.     if user == '123':
```

```
14.            # 判断密码是否正确
15.            if passwd == '123':
16.                print('登录成功')
17.                # 登录成功则退出系统
18.                break
19.            else:
20.                print('登录失败,密码错误!')
21.                # 总的次数为3,剩余次数即(3-登录次数)
22.                print('你还有%s次机会'%(3-trycount))
23.        else:
24.            print('登录失败,该用户不存在!')
25.            print('你还有%s次机会'%(3-trycount))
26. else:
27.     print('很抱歉,3次机会已经使用完,无法继续登录')
```

运行结果如图3-21所示。

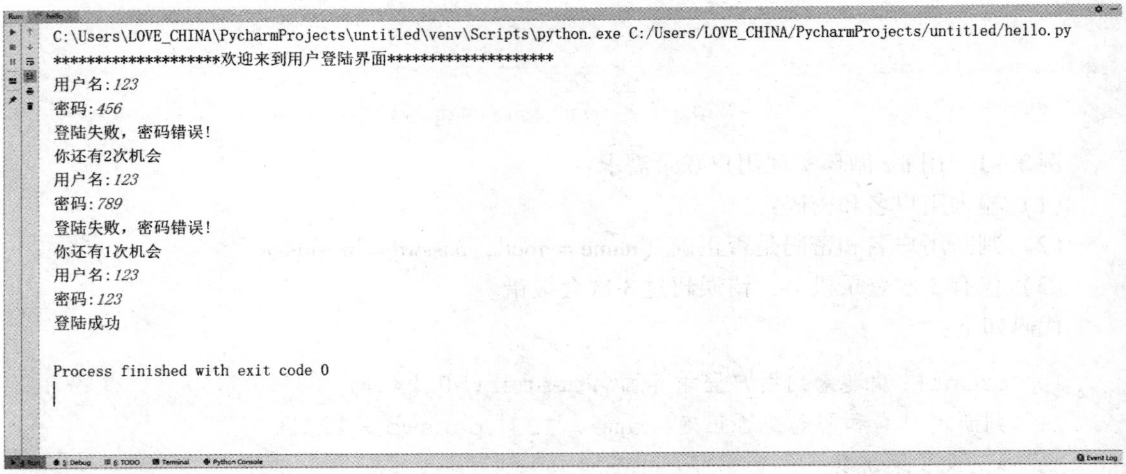

图3-21 例3-1运行结果

例3-2 编写程序模拟 shell 中的命令行提示符。

代码如下:

```
1. import os
2.
3. while True:    ##形成死循环,形成一个shell环境
4.     cmd = input("[root@ soleil ~]$ ")
5.     if cmd:    ##判断是否有输入,有为真,没有为假
6.         if cmd == 'exit':
```

```
7.            print('logout')
8.            break
9.        else:
10.           os.system(cmd)
11.    else:
12.        continue    ##当输入为空时进入死循环
```

运行结果如图 3-22 所示。

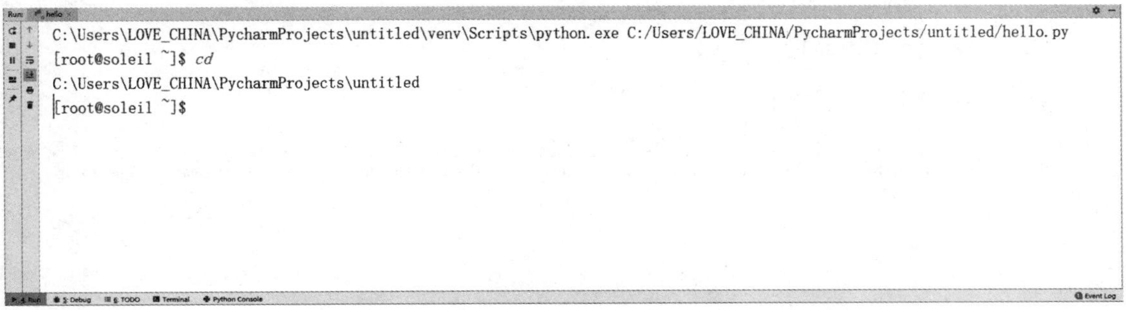

图 3-22 例 3-2 运行结果

3.3.4 break、continue 语句

跳转语句可以用来实现程序执行过程中的转移，主要有 break 语句和 continue 语句。

1. break 语句

break 语句的作用是跳出循环体，即结束循环，如图 3-23 所示。

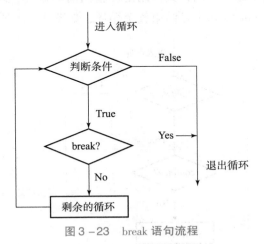

图 3-23 break 语句流程

示例代码如下：

```
1.  x = 0
2.  sum = 0
3.  for i in range(1,10,2):
4.      x += 1
5.      j = 0
6.      for j in range(5,10):
7.          sum = j + i
8.  #beak 语句提前结束 j 循环
9.          break
10.     print(sum)
```

运行结果如图 3-24 所示。

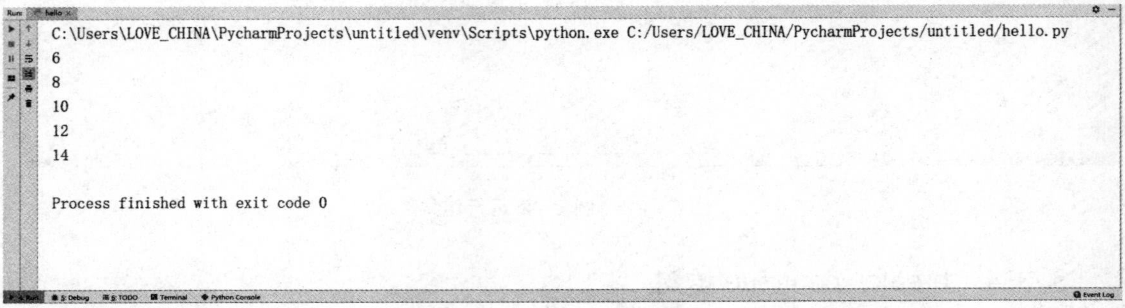

图 3-24 示例代码运行结果

2. continue 语句

continue 语句必须用于循环体内,其作用是终止当前的循环,跳出本轮剩余的语句,直接进入下一轮循环。continue 语句不是结束整个循环,如图 3-25 所示。

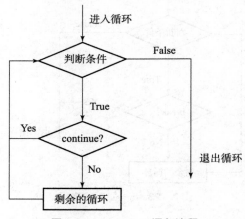

图 3-25 continue 语句流程

示例代码如下:

```
1.  x = 0
2.  sum = 0
3.  for i in range(1,10,2):
4.      x += 1
5.      j = 0
6.      for j in range(5,10):
7.          sum = j + i
8.  #continue 语句是结束本轮循环,直接进入下一轮循环
9.          continue
10.
11. print(sum)
```

运行结果如图 3-26 所示。

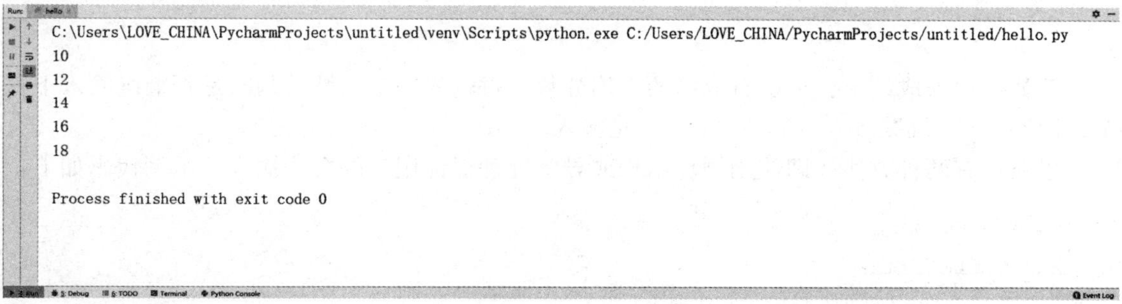

图 3-26 示例代码运行结果

3.3.5 循环结构中的 else 子句

在各种程序语言中，else 子句主要在选择结构中使用，在 Python 语言中，else 子句还可以在异常处理中使用，else 子句在循环结束后被执行。示例代码如下：

```
1.  x = 0
2.  sum = 0
3.  num = [ ]
4.  for i in range(1,10,2):
5.      x += 1
6.      j = 0
7.      for j in range(5,10):
8.          sum = j + i
9.  #continue 语句
10.         continue
11. #else 子句
```

```
12.    else:
13.        num.append(sum)
14. print(num)
```

运行结果如图 3-27 所示。

```
C:\Users\LOVE_CHINA\PycharmProjects\untitled\venv\Scripts\python.exe C:/Users/LOVE_CHINA/PycharmProjects/untitled/hello.py
[10]
[10, 12]
[10, 12, 14]
[10, 12, 14, 16]
[10, 12, 14, 16, 18]

Process finished with exit code 0
```

图 3-27　示例代码运行结果

例如：输入成绩单，求所有成绩的平均分数。每输入一个成绩后判断是否继续输入下一个，回答"y"继续输入，回答"n"终止输入。

思路：有两种方法，即使用循环结构或异常处理保证用户的合法输入。示例代码如下：

```
1. score =[]
2. while True:
3.     x = input("请输入成绩")
4.     try:
5.         score.append(float(x))
6.     except:
7.         print("输入不合法")
8.     while True:
9.         flage = input("请输入命令(y/n)").lower()
10.        if flage notin ('y','n'):
11.            print("请输入指令")
12.        else:
13.            break
14.     if flage == 'n':
15.         break
```

用 for 循环输出，示例代码如下：

```
1. score=[]
2. for i in range(0,10,0):
3.     x=input("请输入成绩")
4.     try:
5.         score.append(float(x))
6.     except:
7.         print("cccc")
8. for  i in range(0,10,0):
9.     flage=input("请输入命令(y/n)").lower()
10.    if flage not in('y','n'):
11.        print("请输入指令")
12.    if flage=='n':
13. break
```

3.3.6 列表解析

列表解析的特点就是速度快、形式简单。

（1）把小于 5 的所有数字放到列表 left 中，把其余数字放到列表 right 中，示例代码如下：

```
1. arr=[1,2,3,4,5,6,7]
2. left=[]
3. right=[]
4. [left.append(i)if i<5 else right.append(i)
5.   for i in arr]
6. print(left)
7. print(right)
```

运行结果如图 3-28 所示。

```
C:\Users\LOVE_CHINA\PycharmProjects\untitled\venv\Scripts\python.exe C:/Users/LOVE_CHINA/PycharmProjects/untitled/hello.py
[1, 2, 3, 4]
[5, 6, 7]

Process finished with exit code 0
```

图 3-28 示例代码运行结果

小提示："left.append(i) if i <5 else right.append(i)"是 Python 语言的三项表达式，所以上述代码中的列表解析用的是 expression + for 的形式。

(2) 给定一个列表 arr = [1,2,3,4,5,6,7,8]，把其中的偶数元素提取出来，示例代码如下：

```
1. arr = [1,2,3,4,5,6,7]
2. left = []
3. [left.append(i) for i in arr
4.    if i % 2 == 0]
5. print(left)
```

运行结果如图 3-29 所示。

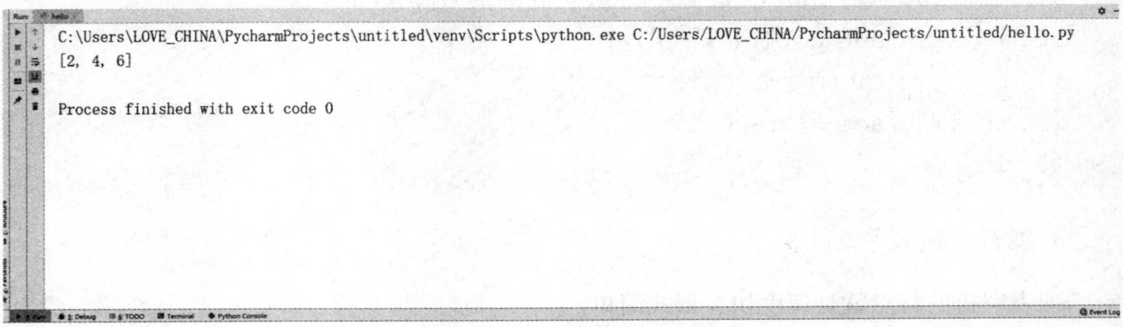

```
C:\Users\LOVE_CHINA\PycharmProjects\untitled\venv\Scripts\python.exe C:/Users/LOVE_CHINA/PycharmProjects/untitled/hello.py
[2, 4, 6]

Process finished with exit code 0
```

图 3-29 示例代码运行结果

小提示：这个例子采用的是 expression + for + if 的形式。

将示例（1）和（2）结合，示例代码如下：

```
1. arr = [1,2,3,4,5,6,7]
2. left = []
3. right = []
4. [(left.append(i), right.append(j)) for i in arr
5.    if i < 3 for j in arr if j < 4]
6. print(left)
7. print(right)
```

运行结果如图 3-30 所示。

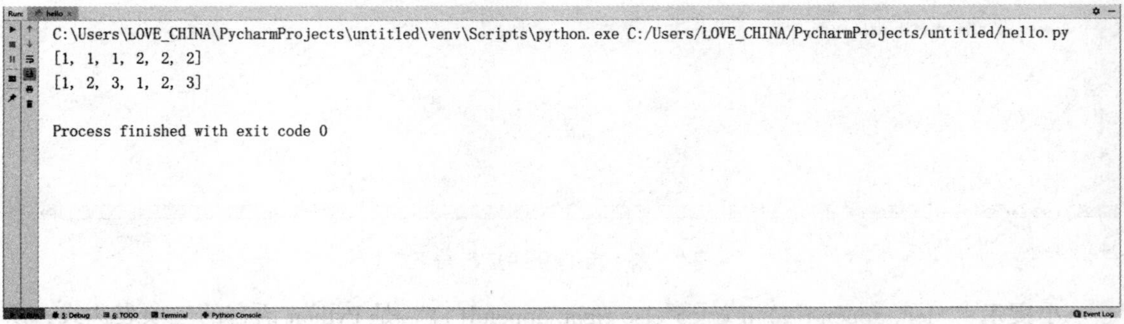

```
C:\Users\LOVE_CHINA\PycharmProjects\untitled\venv\Scripts\python.exe C:/Users/LOVE_CHINA/PycharmProjects/untitled/hello.py
[1, 1, 1, 2, 2, 2]
[1, 2, 3, 1, 2, 3]

Process finished with exit code 0
```

图 3-30 示例代码运行结果

小提示：这个例子采用的是 expression + for + for 的形式，for 可以有多个，但不建议超过 3 个。

本章小结

本章首先介绍了 Python 语言的三大语句，重点介绍了顺序结构、选择结构和循环结构的语法和应用案例。所有的程序都是按前后顺序执行各自语句的，但由于处理方式不同，需要进行不同的处理，有些语句需要按照条件执行不同的处理，有些需要按照条件反复执行多次。因此，在各种程序设计语言中都有专门控制程序执行过程的语句，在这类语句的帮助下，程序能够完成各种各样的任务。

除此以外，本章还介绍了 continue 语句和 break 语句，这两个语句的共同作用就是终止正在执行的循环语句，break 语句的作用是跳出循环体，执行循环体外的语句，而 continue 语句的作用是跳出本次循环，回到循环的开头，继续执行循环体。

课后习题

一、填空题

1. Python 程序中的 3 种基本控制结构是_____、_____、_____。在循环体中，一旦_____语句被执行，将使语句所属层次的循环提前结束。
2. Python 语言提供了_____和_____实现循环控制。
3. 在循环语句中，_____语句的作用是提前结束本层循环。
4. 在循环语句中，_____语句的作用是提前进入下一次循环。
5. 表达式 3 or 5 的值为_____。
6. Python 语言中用于表示逻辑与、逻辑或、逻辑非运算的关键字分别是_____、_____、_____。
7. Python 3.x 语句 "for i in range（3）: print（i, end = ','）" 的输出结果为_____。
8. Python 3.x 语句 "print(1,2,3,sep=',')" 的输出结果为_____。
9. 对于带有 else 子句的 for 循环和 while 循环，当循环因循环条件不成立而自然结束时_____（会/不会）执行 else 子句中的代码。
10. 表达式 5 if 5 > 6 else（6 if 3 > 2 else 5）的值为_____。

二、选择题

1. 有下面的程序段：

```
1.  if k <=10 and k >0:
2.
3.      if k >5:
4.
5.          if k >8:
6.
7.              x = 0
8.
9.          else:
10.
11.             X = 1
12.
13.     else:
14.
15.         if k >2:
16.
17.             x = 3
18.
19.         else:
20.
21.             x = 4
22.
```

其中 k 取（   ）时 x = 3。

A. 3, 4, 5   B. 3, 4   C. 5, 6, 7   D. 4, 5

2. Python 语言中表示跳出循环的语句是（   ）。

A. continue   B. break   C. ESC   D. close

3. 下列循环结构用法错误的是：（   ）。

A. for _____ count in range(10)   B. for i in range(0, 5)
C. for i in range(16, 0, 1)   D. while s <30:

4. 以下对死循环的描述中正确的是（   ）。

A. 使用 for 语句不会出现死循环   B. 死循环是没有意义的
C. 死循环有时候对编程有一定作用   D. 无限循环就是死循环

5. 下列有关 break 语句与 continue 语句的描述中不正确的是（   ）。

A. 当多个循环彼此嵌套时，break 语句只适用于最里层的循环。
B. continue 语句类似于 break 语句，也必须在 for、while 循环中使用。
C. continue 语句结束循环，继续执行循环语句的后续语句。
D. break 语句结束循环，继续执行循环语句的后续语句。

6. （　　）except 语句可以与 try 语句搭配使用。
   A. 一个且只能是一个　　　　　　　　B. 多个
   C. 最多两个　　　　　　　　　　　　D. 0 个

7. （　　）是实现多路分支的最佳控制结构？
   A. if　　　　B. if...elif...else　　　　C. try　　　　D. if...else

8. （　　）能够实现 Python 循环结构？
   A. loop　　　　B. while　　　　C. if　　　　D. do...for

9. 关于条件循环，以下描述中错误的是（　　）。
   A. 条件循环也叫无限循环
   B. 条件循环使用 while 语句实现
   C. 条件循环不需要事先确定循环次数
   D. 条件循环一直保持循环操作直到循环条件满足才结束

10. 以下关于程序的控制结构的描述中错误的是（　　）。
    A. 流程图可以用来展示程序结构
    B. 顺序结构有一个入口
    C. 控制结构可以用来更改程序的执行顺序
    D. 循环结构可以没有出口

三、简答题

1. 列举循环语句并编写程序。
2. 介绍 break 语句和 continue 语句的作用。
3. 分析逻辑运算符 or 的短路求值特性。
4. 介绍 except 语句的作用。
5. 一张纸的厚度大约是 0.08 mm，对折多少次之后能达到珠穆朗玛峰的高度（8 848.13 m）？
6. 在 except 语句中 return 后还会不会执行 finally 中的代码？怎么抛出自定义异常？

四、编程题

1. 编写九九乘法口诀。
2. 编写函数，判断一个数字是否为素数，是则返回字符串"YES"，否则返回字符串"NO"，同时编写测试函数。
3. 由用户输入一个数值型列表，然后将每个元素逐一打印。
4. 利用条件运算符的嵌套来完成：分数≥80 分的同学用"优"表示，分数为 60～79 分的同学用"良"表示，分数在 60 分以下的同学用"差"表示。
5. 对 10 个数进行排序。
6. 输入 n 的值，求出 n 的阶乘。
7. 编写程序，运行后用户输入 4 位整数作为年份，判断其是否为闰年。如果年份能被 400 整除，则为闰年；如果年份能被 4 整除但不能被 100 整除也为闰年。

第二部分

Python语言进阶学习

第 4 章 函　数

本章要点

(1) 函数的概念；
(2) 函数的传值方法；
(3) 函数的返回值及其调用；
(4) 内建函数。

引言

在本章之前，本书已经介绍部分简单的编程语句应用，而函数就是一些语句组合在一起的代码段，能够在程序中反复使用。Python 语言提供了很多内置函数，用户可以自主定义和使用这些函数。本章详细介绍这些函数的用法。

4.1　函数的基本概念

在所有高级计算机语言中，都有函数这个概念，它是指为了实现某种特定功能而组织的语句集合。函数是计算机程序的重要组成部分，程序可以由多个函数组成。

函数是组织好的，可以重复使用，提高了代码的重复使用性，降低了编写程序的工作量。函数的形式通常较为单一，同一个函数可以通过调用不同的参数，实现不同的功能，提高了程序的适应性。

在 Python 语言中，定义一个函数的语法格式如下：

```
def 函数名([参数])
    函数体
```

其中，def 是定义函数的关键字。定义函数时，需要注意的几个问题如下：

(1) 不需要说明参数类型，Python 语言自动判断参数。
(2) 不需要指定返回类型，由函数中的 return 确定。

（3）即使函数不接受参数，也要保留一对圆括号。
（4）函数的头部括号后面的冒号不能省略。
（5）函数体相对于def关键字必须保持一定空格的缩进。

4.2 函数的参数传递

参数传递是指在程序运行过程中，实际参数将参数值传递给相应的形式参数，然后在函数中实现对数据处理和返回的过程。其中，形式参数是指定义函数时的参数，实际参数是指调用函数时的参数。参数传递示意如图4-1所示。

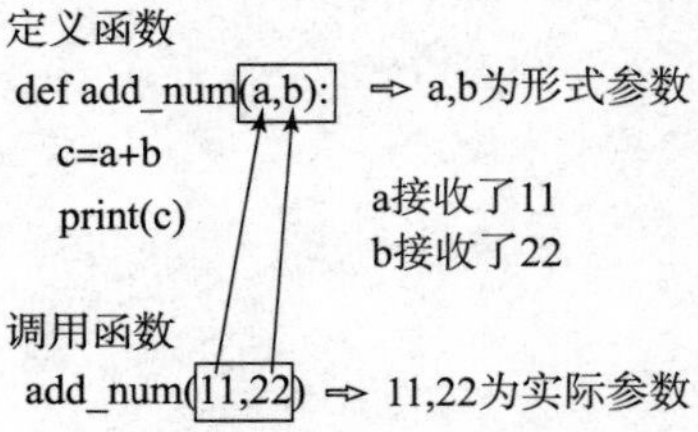

参数传递的方法有按值传递参数、按地址传递参数和按数组传递参数。

定义函数
def add_num(a,b): ⇒ a,b为形式参数
　c=a+b
　print(c)　　　　　a接收了11
　　　　　　　　　　b接收了22
调用函数
　add_num(11,22) ⇒ 11,22为实际参数

图4-1　参数传递示意

函数的参数传递示例代码如下：

```
1. #def 是定义函数的关键字,hell 表示函数的名称
2. def hell(x,y):
3. #实现x,y变量值的交换
4.    x,y=y,x
5. print("hell 函数里:x 的值="+x+","+"y 的值"+y)
6. x="6"
7. y="9"
8. hell(x,y)
```

运行结果如图4-2所示。

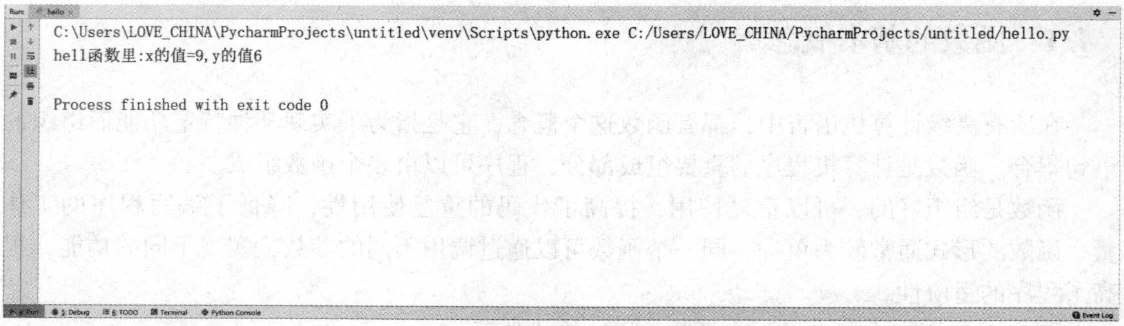

```
C:\Users\LOVE_CHINA\PycharmProjects\untitled\venv\Scripts\python.exe C:/Users/LOVE_CHINA/PycharmProjects/untitled/hello.py
hell函数里:x的值=9,y的值6

Process finished with exit code 0
```

图4-2　示例代码运行结果

4.3 函数操作符

Python语言的函数操作符主要分为：算术运算、对象比较、逻辑比较和序列操作（表4-1）。

表 4-1 Python 语言的函数操作符

操作	语法	函数
加法	a + b	add(a, b)
减法	a - b	sub(a, b)
乘法	a * b	mul(a, b)
普通除法	a/b	truediv(a, b)
取整除法	a//b	floordiv(a, b)
大于	a > b	gt(a, b)
大于等于	a >= b	ge(a, b)
小于	a < b	lt(a, b)
小于等于	a <= b	le(a, b)
等于	a == b	eq(a, b)
不等于	a!=b	ne(a, b)
字符串拼接	seq1 + seq2	concat(seq1, seq2)
包含测试	obj in seq	contains(seq, obj)
按位或	a | b	or_(a, b)
按位与	a&b	and_(a, b)
按位异或	a^b	xor(a, b)
按位取反	~a	invert(a)
指数运算	a ** b	pow(a, b)
识别	a is b	is_(a, b)
识别	a is not b	is_not(a, b)
索引	obj[k]	getitem(obj, k)
索引赋值	obj[k] = v	setitem(obj, k, v)
索引删除	del obj[k]	delitem(obj, k)
左移	a << b	lshift(a, b)
右移	a >> b	rshift(a, b)
取模	a%b	mod(a, b)
正数	+a	pos(a)
负数	-a	neg(a)
非运算	not a	not_(a)
切片赋值	seq[i: j] = values	setitem(seq, slice(i, j), values)
切片删除	del seq[i: j]	delitem(seq, slice(i, j))
切片	seq[i: j]	getitem(seq, slice(i, j))
字符串格式化	s % obj	mod(s, obj)
真值测试	obj	truth(obj)

4.4 返回值与函数类型

要得到函数运行结果，需要用到 return 语句，它将函数运行结果作为返回值传递给调用者。

示例代码如下：

```
1. #def 表示定义函数的关键字,dex 表示函数的名称
2. def dex(x,y):
3.     if x>y:
4.         return x
5.     else:
6.         return y
7. print(dex(3,6))
```

运行结果如图 4-3 所示。

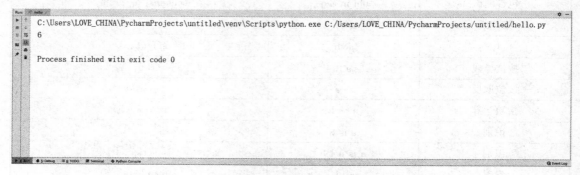

图 4-3 示例代码运行结果

参数的类型是指函数调用时，传递的实际参数是基本类型还是组合数据类型。参数类型不同，在函数调用后，参数值的变化也是不同的。

基本数据类型的变量在函数体外，是全局变量，作为实际参数时，是将常量或变量的值传递给形式参数，这是一种传递值的过程，实际参数与形式参数是两个独立不相关的变量，因此，实际参数值一般是不会变的。

Python 语言的内置函数主要包括以下类型：数学运算函数、字符串运算函数、转换函数、序列操作函数以及操作相关函数。

4.5 函数式编程

4.5.1 函数的定义

在 Python 语言中定义一个函数，需要使用关键字 def，示例代码如下：

```
1. #def 表示定义函数的关键字,hell 表示函数的名称
2. def hell():
3.     print("Python")
4. hell()
```

运行结果如图 4-4 所示。

```
C:\Users\LOVE_CHINA\PycharmProjects\untitled\venv\Scripts\python.exe C:/Users/LOVE_CHINA/PycharmProjects/untitled/hello.py
Python

Process finished with exit code 0
```

图 4-4　示例代码运行结果

小提示：用户可以定义一个具有自己想要功能的函数,以下是简单的规则：
(1) 函数代码块以 def 关键字开头,后接函数标识符名称和圆括号"()"。
(2) 任何传入参数和自变量必须放在圆括号中间。圆括号之间可以用于定义参数。
(3) 函数的第一行语句可以选择性地使用文档字符串用于存放函数说明。
(4) 函数内容以冒号起始,并且缩进。
(5) 以 "return[表达式]" 的形式结束函数,选择性地返回一个值给调用方。不带表达式的 return 相当于返回 None。

4.5.2　函数的返回

函数的返回,是指通过 return 语句将计算得到的值传递给调用者。
(1) 没有形式参数和 return 语句的函数,示例代码如下：

```
1. def message():
2.     print("hello")
```

该函数的功能是在控制台输出字符串"hello",该函数只是完成相应的操作,没有返回值。
(2) 没有形式参数,有 return 语句的函数,示例代码如下：

```
1. def message():
2.     return
```

该函数虽然有 return 语句,但没有形式参数和返回值。
(3) 有形式参数和 return 语句的函数,示例代码如下：

```
1. def message(x):
2.     return x + 2
```

```
3.
4.
5. message(2)
```

该函数的功能是计算参数 x + 2 的和,并利用 return 语句返回值并赋值给函数名,执行 return 语句就意味着终止语句。

示例代码如下:

```
1.  def La_sum(*args):
2.      def sum():
3.          x = 0
4. #返回函数内部引用了La_num()函数的参数
5.          for n in args:
6.              x = x + n
7.          return x
8.      return sum
9.  f = La_sum(2,3)
10. print(f())
```

4.5.3 函数的调用

在定义函数之后,可以在函数名后使用括号来调用这个函数,括号内可以包含若干个参数,中间用逗号分隔。调用函数时,可以根据需要指定传入的参数,调用函数的语法格式如下:

函数名(参数列表)

例如:

```
1. #定义一个函数
2. def functionname(paramenters):
3.     "函数_文档字符串"
4.     function_suite
5.     return [expression]
```

示例代码如下:

```
1. #定义一个函数
2. def pri(a):
3.     #"打印传入的字符串"
4.     print(a)
5.     return a
6. #调用函数
pri(1)
```

运行结果如图 4-5 所示。

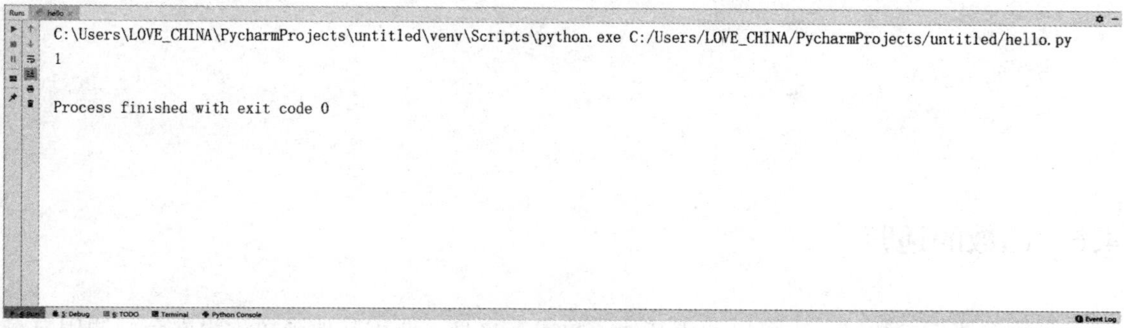

图 4-5 示例代码运行结果

从上述示例代码和运行结果可以看出，程序在执行时通过语句"pri(1)"调用已定义的函数 pri(a)，实现输出 a 的字符串。函数被调用时，将实际的参数 1 传递给了 a，函数中语句"return a"实际就是"return 1"，并将求得结果返回给函数名。

4.5.4 global 语句

为了防止在函数内调用全局变量时被误认为局部变量而出现程序异常，需要使用 global 语句，它用于在函数内部声明全局变量，即生成作用于整个函数内部的变量，如图 4-6 所示。

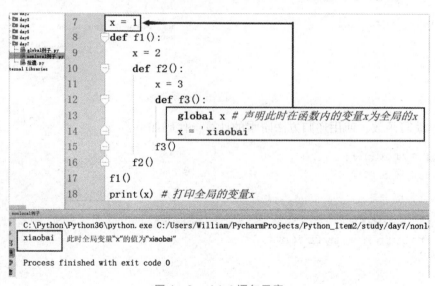

图 4-6 global 语句示意

示例代码如下：

```
1. x = 1
2.
3. def func():
4.    global x
```

```
5.    x = 2
6.
7. func()
8. print(x)
```

4.6 函数的递归

函数在调用参数时,也可以调用其他函数或其自身,调用其他函数称为嵌套,调用自身称为递归。递归函数主要用于将一个复杂的问题简化为一个规模较小的相同问题。递归函数必须有一个递归出口,如图 4-7 所示:

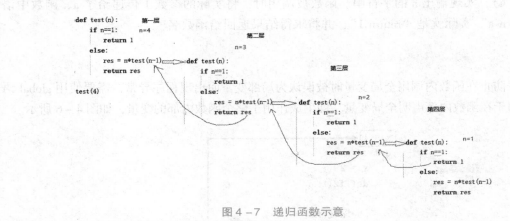

图 4-7 递归函数示意

例如:编写函数,使用递归方法阶乘的计算,代码如下:

```
1. def myfac(n):
2.    #用循环实现
3.    if n ==1:
4.        return 1
5.    return n * myfac(n-1)
6.
7.
8. print(myfac(5))
```

4.7 变量的作用域

函数在传递参数时,形式参数和实际参数都是变量,变量按作用范围即作用域,可分为全局变量和局部变量。全局变量可以在整个程序内访问,而局部变量只能作用于函数内。如果要在函数内部修改一个定义外的变量值,必须使用 global 语句声明,否则会自动创建新的局部变量。

在函数内如果只引用某个变量的值而没有为其赋值,该变量为全局变量。如果在函数内有赋值操作,该变量被认为是局部变量,除非在函数赋值之前使用 global 语句进行声明。示例代码如下:

```
1. pi = 3.14
2. def area(r):
3.     s = r * r * pi
4.     print(s)
5. area(10)
6. print(s)
```

运行结果如图 4-8 所示。

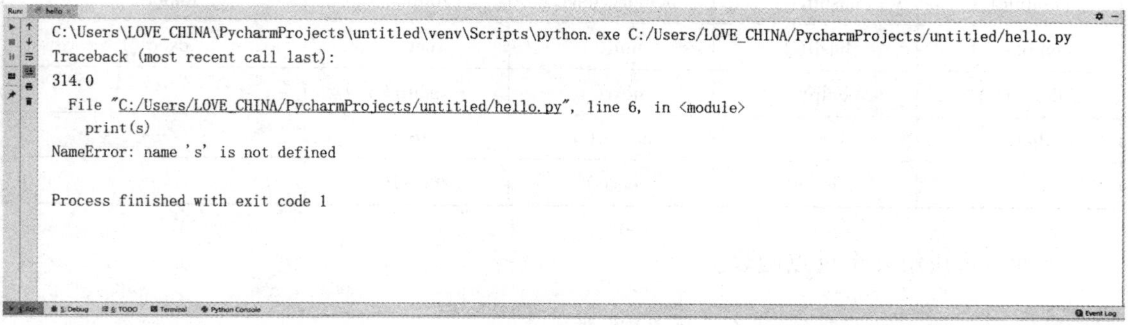

图 4-8　示例代码运行结果

从运行结果可以看出。第一条 print 语句被正确执行,输出了圆的面积。第二条 print 语句在执行过程中报错,错误信息是"NameError: name 's' is not defined",意思是"名称错误:名称 's' 没有被定义"。正确的写法如下:

```
1. pi = 3.14
2. def area(r):
3.     Global s
4.     s = r * r * pi
5.     print(s)
6. area(10)
7. print(s)
```

4.8　Python 语言内置函数

Python 语言内置了许多能够直接加载使用的函数,可以实现各种功能,见表 4-2。

表 4-2 Python 语言内置函数

abs( )	divmod( )	input( )	open( )	staticmethod( )
all( )	enumerate( )	int( )	ord( )	str( )
any( )	eval( )	isinstance( )	pow( )	sum( )
basestring( )	execfile( )	issubclass( )	print( )	super( )
bin( )	file( )	iter( )	property( )	typle( )
float( )	list( )	raw_input( )	unichr( )	type( ) bytearray( )
callable( )	format( )	locals( )	reduce( )	unicode( )
chr( )	frozenset( )	long( )	reload( )	vars( )
classmethod( )	getattr( )	map( )	repr( )	xrange( )
cmp( )	globals( )	max( )	reverse( )	zip( )
compile( )	hasattr( )	memoryview( )	round( )	__import__( )
complex( )	hash( )	min( )	set( )	exec( )
delattr( )	help( )	next( )	setattr( )	—
dict( )	hex( )	object( )	slice( )	—
dir( )	id( )	oct( )	sorted( )	—

下面着重讲解几个重点函数。

4.8.1 内建函数 map( )、reduce( )

（1） map( ) 函数可以将某个序列中的每个元素进行指定操作，并将所有结果集合成一个新的序列输出。

示例代码如下：

```
1. def de(x):
2.     return x * x
3. t = map(de,[2,3,4])
4.
5.
6. #转化成 list 列表输出
7. print(list(t))
8. de(2)
```

运行结果如图 4-9 所示。

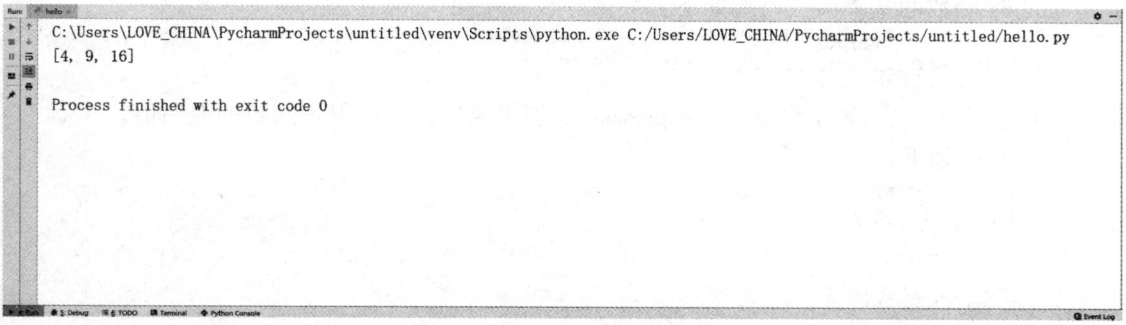

```
C:\Users\LOVE_CHINA\PycharmProjects\untitled\venv\Scripts\python.exe C:/Users/LOVE_CHINA/PycharmProjects/untitled/hello.py
[4, 9, 16]

Process finished with exit code 0
```

图 4-9　示例代码运行结果

（2）reduce()函数用于将指定序列中的所有元素作为参数，并按一定的规则调用指定参数。

示例代码如下：

```
1. from functools import reduce
2.
3. def de(x,y):
4.     return  x +y
5. #[2,3,4]表示计算列表之和
6. t = reduce(de,[2,3,4])
7. print(t)
8.
9. de(2,6)
```

运行结果如图 4-10 所示。

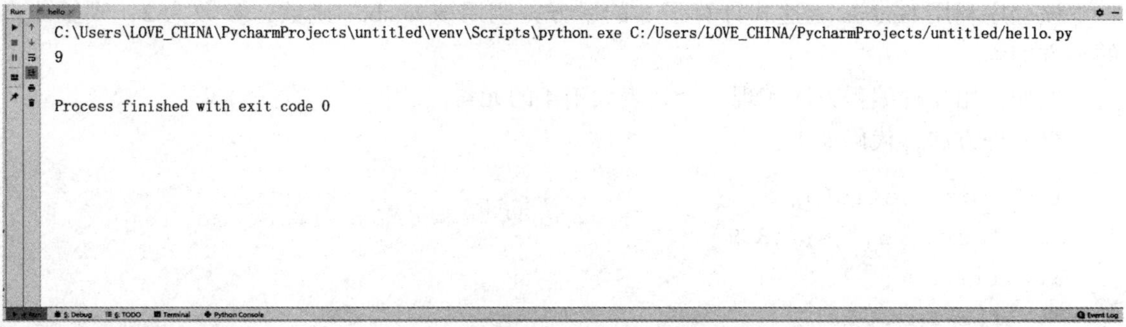

```
C:\Users\LOVE_CHINA\PycharmProjects\untitled\venv\Scripts\python.exe C:/Users/LOVE_CHINA/PycharmProjects/untitled/hello.py
9

Process finished with exit code 0
```

图 4-10　示例代码运行结果

4.8.2　匿名函数与 lambda 表达式

Python 语言中有两种函数，一种是用 def 关键字定义的，另外一种是 lambda 函数。lambda 函数也称为匿名函数。lambda 表达式是一种用于定义能够调用函数的表达式，它与 def 关键字的功能类似，但不同的是，lambda 表达式用于编写简单的函数，它的返回对象是一个函数而不是变量。

lambda 函数的基本语法格式如下：

```
lambda arg1,arg2,...:<expression>
```

其中 arg1，arg2，... 表示参数，<expression> 表示语句，其结果是函数的返回值。

示例代码如下：

```
1. def de(x,y):
2.    return  x+y
3. #[4,6]表示计算列表之和
4. p=lambda x,y:x+y
5. print(p(4,6))
6.
7. de(2,6)
```

上述代码的运行结果为参数 4，6 之和，即 10。

lambda 表达式一般应用于函数式编程中，可以将 lambda 作为列表的元素，从而实现跳转。lambda 表达式的定义方法如下：

```
列表名=[(lambda1),(lambda2),...]
```

调用列表中 lambda 表达式的方法如下：

```
列表名[索引](lambda 参数)
```

示例代码如下：

```
1. l=[(lambda a:a**2)]
2. print(l[0](2))
```

该程序利用 lambda 表达式计算了 a 的平方，调用该 lambda 函数，参数为 2，则输出 2 的平方即 4。

例如：用 3 种编程方法实现一个列表大于 4 的元素。

第一种方法，代码如下：

```
1.   def hello():
2.   list=[4,5,6,7,8,9]
3.   list2=[]
4.   for i in list:
5.      if i>4:
6.         list2.append(i)
7.   print(list2)
8. hello()
```

第二种方法，代码如下：

```
1. def hello(a):
2.     return a > 4
3.
4. def hel():
5.     for i in filter(hello,[1,2,3,4,5]):
6.         list2.append(i)
7.         print(list2)
8. list2 = []
9. hel()
```

第三种方法，代码如下：

```
1. def hel():
2.     for i in filter(lambda x:x > 4,[1,2,3,4,5]):
3.         list2.append(i)
4.         print(list2)
5. list2 = []
hel()
```

例 4-1 模拟轮盘抽奖游戏。

轮盘分为 3 部分：一等奖、二等奖和三等奖。

轮盘转的时候：

范围 [0, 0.08) 代表一等奖；

范围 [0.08, 0.3) 代表二等奖；

范围 [0.3, 1.0) 代表三等奖。

代码如下：

```
1. import random
2.
3. def rewordfun():
4.     # 定义用来记录各个中奖等级人数的变量
5.     onecount = 0
6.     twocount = 0
7.     threecont = 0
8.     # 计算中奖等级人数
9.     for i in range(100):
10.        # random.random():生成 0-1 的随机数
11.        # format:格式转换,保留两位小数
12.        # print(random.random())
13.        num = float(format(random.random(),'.2f'))
```

```
14.        # print(num)
15.        if   0 <= num < 0.08:
16.            onecount += 1
17.        elif 0.08 <= num < 0.3:
18.            twocount += 1
19.        else:
20.            threecont += 1
21.     # 返回各个中奖等级人数
22.     return onecount,twocount,threecont
23.
24.  #将函数返回值赋给变量
25.  count01,count02,count03 = rewordfun()
26.  #定义字典
27.  rewordDict = {'一等奖':count01,'二等奖':count02,'三等奖':count03}
28.
29.  #遍历输出字典的 key - value
30.  for k,v in rewordDict.items():
31.      print(k,'--->',v)
```

运行结果如图 4-11 所示。

```
C:\Users\LOVE_CHINA\PycharmProjects\untitled\venv\Scripts\python.exe C:/Users/LOVE_CHINA/PycharmProjects/untitled/hello.py
一等奖 ---> 9
二等奖 ---> 17
三等奖 ---> 74

Process finished with exit code 0
```

图 4-11 例 4-1 运行结果

例 4-2 编写一个函数，输入 n 为偶数时，调用函数求 $1/2 + 1/4 + \ldots + 1/n$，当输入 n 为奇数时，调用函数 $1/1 + 1/3 + \ldots + 1/n$。

代码如下：

```
1. def peven(n):
2.     i = 0
3.     s = 0.0
4.     for i in range(2,n+1,2):
```

5.   s +=1.0/i # Python 语言里,整数除整数,只能得出整数,所以需要使用浮点数 1.0
6.   return s
7.
8.
9. def podd(n):
10.   s = 0.0
11.   for i in range(1,n + 1,2):
12.   s +=1.0/i # Python 语言里,整数除整数,只能得出整数,所以需要使用浮点数 1.0
13.   return s
14.
15.
16. def dcall(fp,n):
17.   s = fp(n)
18.   return s
19.
20.
21. if __name__ =='__main__':
22.   n = int(input('input a number:\n'))
23.   if n % 2 ==0:
24.   sum = dcall(peven,n)
25.   else:
26.   sum = dcall(podd,n)
27.   print()
28. print(sum)

运行结果如图 4 -12 所示。

```
C:\Users\LOVE_CHINA\PycharmProjects\untitled\venv\Scripts\python.exe C:/Users/LOVE_CHINA/PycharmProjects/untitled/hello.py
input a number:
23

2.2243528386481675

Process finished with exit code 0
```

图 4 -12 例 4 -2 运行结果

本章小结

本章介绍了函数的定义、调用的基本方法、函数参数、函数的返回、匿名函数和 lambda 表达式。函数是从 def 关键字开始的，接下来就是函数名、括号、参数和冒号，多个语句构成了函数体；函数可以没有返回值，函数可以有多个 return 语句，可以返回一个或多个返回值，当有多个返回值时，返回值是元组。函数参数可以被当作默认值进行传递。

课后习题

一、选择题

1. 调用以下函数返回的值为（　　）。

```
def my():
Print("0")
pass
```

A. 0　　　　　　　　B. 出错不能运行　　　　C. 空字符串　　　　D. None

2. 函数如下：

```
 def Nnumber(numbers):
for n in numbers:
     print(n)
```

下面在调用函数时会报错的是（　　）。

A. Numer([1,2,5])　　　　　　　　　B. Nnumber('absf')
C. Nnumber(3.4)　　　　　　　　　　D. Number((33,8,5))

3. Python 语言中定义函数的关键字是（　　）。

A. def　　　　　　B. define　　　　　　C. function　　　　　　D. defunc

4. 下列不是使用函数的优点的是（　　）。

A. 减少代码重复　　　　　　　　B. 使程序更加模块化
C. 使程序便于阅读　　　　　　　D. 可发挥智力优势

5. random 库中用于生成随机小数的函数是（　　）。

A. getrandbits()　　　　　　　　B. randrange()
C. randint()　　　　　　　　　　D. random()

二、填空题

1. Python 语言中定义函数的关键字是_____。
2. 表达式 sum(range(10)) 的值为_____。
3. 表达式 list(range(50,60,3)) 的值为_____。

4. 已知函数定义 "def demo(x,y,op):return eval(str(x)+op+str(y))",那么表达式 demo(3,5,'+')的值为_____。

5. 已知函数定义 "def func(*p):return sum(p)",那么表达式 func(1,2,3)的值为_____。

6. 已知函数定义 "def func(**p):return ''.join(sorted(p))",那么表达式 func(x=1,y=2,z=3)的值为_____。

7. 表达式 sum(range(1,10,2))的值为_____。

三、简答题

1. 定义函数的规则是什么?
2. 如何定义带可选参数的函数?
3. 参数的位置传递和名称传递各有什么优点和缺点?
4. len()函数有什么作用?
5. 简述普通参数、指定参数、默认参数、动态参数的区别。

四、编程题

1. 编写函数,模拟 Python 语言内置函数 sorted(lst)。
2. 编写函数,计算传入字符串中的"数字""字母""空格"和"其他"的个数。
3. 编写函数,检查用户传入的对象(字符串、列表、元组)的每一个元素是否含有空内容。

第 5 章
组合数据类型

本章要点

(1) 集合类型，如集合常用函数、集合内涵等；
(2) 创建列表的方法及其应用；
(3) 使用字典创建列表。

引言

Python 语言常用的组合数据类型有序列类型、集合类型和映射类型。其中，列表和元组属于序列类型，在集合类型主要包含集合，字典属于映射类型。本章介绍 Python 语言的组合数据类型及其常用内置方法和操作。

5.1 集合类型

5.1.1 集合类型概述

Python 语言中的集合类型是一个包含 0 个或多个数据项的无序的、不重复的数据组合，其中，元素类型只能是固定数据类型，如整数、浮点数、字符串、元组等，相反，列表、字典和集合本身都是可变数据类型，因此不能作为集合元素使用。

1. 无序性

集合是无序组合，没有索引和位置的概念，不能分片，集合中的元素可以动态增加或删除。集合用大括号"{ }"表示。

2. 不重复性

集合元素是独一无二的，使用集合类型可以过滤掉重复元素。set(x) 函数用于生成集合，输入任意组合数据类型的参数，返回一个无序不重复的集合。

5.1.2 集合常用函数

Python 语言中引入了新的类型——集合。集合是一个无序不重复元素的集合,支持数学的结合运算。常见的集合函数见表 5-1。

表 5-1 常见的集合函数

集合(s).方法名	等价符号	方法说明
s.issubset(t)	s <= t	子集测试(允许不严格意义上的子集):s 中所有的元素都是 t 的成员
	s < t	子集测试(严格意义上的子集):s!=t 而且 s 中所有的元素都是 t 的成员
s.issuperset(t)	s >= t	超集测试(允许不严格意义上的超集):t 中所有的元素都是 s 的成员
	s > t	超集测试(严格意义上的超集):s!=t 而且 t 中所有的元素都是 s 的成员
s.union(t)	s | t	合并操作:s "或" t 中的元素
s.intersection(t)	s & t	交集操作:s "与" t 中的元素
s.difference	s - t	差分操作:在 s 中存在,在 t 中不存在的元素
s.symmetric_difference(t)	s ^ t	对称差分操作:s "或" t 中的元素,但不是 s 和 t 共有的元素
s.copy()		返回 s 的拷贝(浅复制)
以下方法仅适用于可变集合		
s.update	s |= t	将 t 中的元素添加到 s 中
s.intersection_update(t)	s &= t	交集修改操作:s 中仅包括 s 和 t 中共有的成员
s.difference_update(t)	s -= t	差修改操作:s 中包括仅属于 s 但不属于 t 的成员
s.symmetric_difference_update(t)	s ^= t	对称差分修改操作:s 中包括仅属于 s 或仅属于 t 的成员
s.add(obj)		加操作:将 obj 添加到 s
s.remove(obj)		删除操作:将 obj 从 s 中删除,如果 s 中不存在 obj,将引发异常
s.discard(obj)		丢弃操作:将 obj 从 s 中删除
s.pop()		弹出操作:移除并返回 s 中的任意一个元素
s.clear()		清除操作:清除 s 中的所有元素

5.1.3 集合操作运算符

集合有4种基础运算方法——并，交，差，补。

（1）并集运算（s|t）：返回一个新集合，包含集合s和t中的所有元素，如图5-1所示。

代码如下：

```
1. s = {1,2,3,4}
2. t = {3,4,5,6,7}
3. result = s | t
4. print(result)
```

（2）交集运算（s&t）：返回一个新集合，包含既在s中又在t中的元素，如图5-2所示。

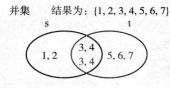

图5-1 并集运算示意

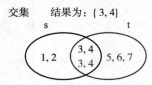

图5-2 交集运算示意

代码如下：

```
1. s = {1,2,3,4}
2. t = {3,4,5,6,7}
3. result = s & t
4. print(result)
```

（3）差集运算（s-t）：返回一个新的集合，包含在s中但不在t中的元素，如图5-3所示。

代码如下：

```
1. s = {1,2,3,4}
2. s2 = {3,4,5,6,7}
3. result = s - t
4. print(result)
```

（4）补集运算（s^t）：返回一个新集合，包含s和t中的不相同元素，如图5-4。

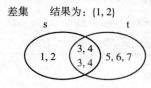

图5-3 差集运算示意

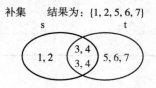

图5-4 补集运算示意

代码如下：

```
1. s = {1,2,3,4}
2. t = {3,4,5,6,7}
3. result = s ^ t
4. print(result)
```

集合有两种关系运算操作：

（1）s = t 或者 s < t 关系运算，返回 True/False，判断 s 和 t 的子集关系。代码如下：

```
1. s = {1,2,3,4}
2. t = {3,4,5,6,7}
3. result = s <= t
4. print(result)
```

（2）s = t 或者 s > t 关系运算，返回 True/False，判断 s 和 t 的包含关系。代码如下：

```
1. s = {1,2,3,4}
2. t = {1,2,3,4,5,6,7}
3. result = t >= s
4. print(result)
```

5.1.4 集合内涵

常用的集合内涵方法有：len(x)、max(x)、min(x)、sum(x)、any(x)、all(x)。

（1）len()方法返回对象（字符、列表、元组等）的长度或项目个数。示例代码如下：

```
1. s = [1,2,3,4,8]
2. print(len(s))
```

（2）max()方法返回给定参数的最大值，参数可以为序列。示例代码如下：

```
print("max(40,10,300):",max(40,10,300))
```

（3）min(x)方法返回给定参数的最小值，参数可以为序列。示例代码如下：

```
print("min(40,10,300):",min(40,10,300))
```

（4）sum(x)方法对序列进行求和计算。示例代码如下：

```
sum((3,6,4),2)
```

（5）any(x)方法判断 x 对象是否为空对象，如果都为空、0、False，则返回 False，如果不都为空、0、False，则返回 True。示例代码如下：

```
any(2,3,4)
```

（6）如果 all(x)方法的参数 x 的所有元素不为 0、""、False 或者空，则返回 True，否则返回 False。示例代码如下：

all(['a','b','c','d'])

5.1.5 固定集合

固定集合 frozenset 是不可变的、无序的、含有唯一元素的集合。它返回一个冻结的集合，冻结后集合不能再添加或删除任何元素。

示例代码如下：

```
1. #生成一个新的不可变集合
2. a = frozenset(range(12))
3. print(a)
4. #创建不可变集合
5. print(frozenset([1,2,3,4]))
```

运行结果如图5-5所示。

```
C:\Users\LOVE_CHINA\PycharmProjects\untitled\venv\Scripts\python.exe C:/Users/LOVE_CHINA/PycharmProjects/untitled/hello.py
frozenset({0, 1, 2, 3, 4, 5, 6, 7, 8, 9, 10, 11})
frozenset({1, 2, 3, 4})

Process finished with exit code 0
```

图5-5 示例代码运行结果

固定集合的运算如下：
(1) 交集（&）、并集（|）、补集（-）、对称补集（^）；
(2) in，not in 运算；
(3) is，is not 运算；
(4) <，<=，>，>=，!= 运算。

5.2 列表类型和操作

5.2.1 列表类型概述

列表是 Python 语言中内置有序可变序列，列表的所有元素放在一对中括号"[ ]"中，并使用逗号分隔开；一个列表中的数据类型可以各不相同，可以分别为整数、实数、字符串等基本类型，甚至是列表、字典以及其他自定义类型的对象。

例如：

```
1. [a,b,c,d]
2. 
3. [1,2,3,4]
```

在 Python 语言中,创建列表的方法可分为两种,下面分别进行介绍。

1. 使用"[ ]"直接创建列表

使用"[ ]"创建列表后,一般使用"="将它赋值给某个变量,具体格式如下:

```
list =[1,2,3...,n]
```

其中,list 表示变量名,1~n 表示列表元素。另外,使用此方式创建列表时,列表中元素可以有多个,也可以一个都没有。示例代码如下:

```
list =[]
```

2. 使用 list( ) 函数创建列表

除了使用"[ ]"创建列表外,Python 语言还提供了一个内置的函数 list( ),使用它可以将其他数据类型转换为列表类型。示例代码如下:

```
1. name = list("How are you?")
2. print(name)
```

运行结果如图 5-6 所示。

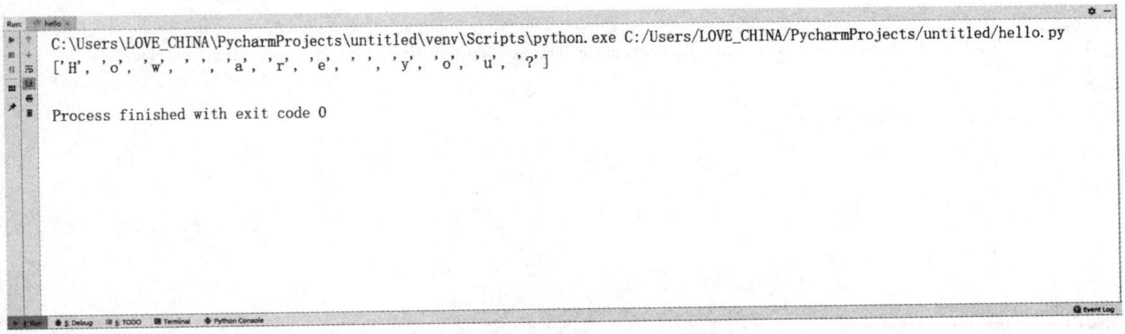

图 5-6　示例代码运行结果

5.2.2　列表类型操作

1. 分片

作用:提取列表中的一部分元素。示例代码如下:

```
1. name =[5,9,1,2]
2. print(name[1:3])
```

上述代码中 name [1:3] 指提取从 name 这个列表的下标为 1 的索引开始(即第 2 个元素),到下标为 3 的索引为止的元素,即 [9,1]。

运行结果如图5-7所示。

图5-7 示例代码运行结果

2. 列表相加

列表相加比较简单，等于将两个列表连接到一起。

示例代码如下：

```
1. a=[1,2,3]
2. b=[10,11,12,13]
3. print(a+b)
```

运行结果如图5-8所示。

图5-8 示例代码运行结果

3. 列表相乘

列表相乘就是将列表重复若干次后得到新的列表，不改变原始列表的值。

示例代码如下：

```
1. a=[1,2,3]
2. print(a*10)
```

运行结果如图5-9所示。

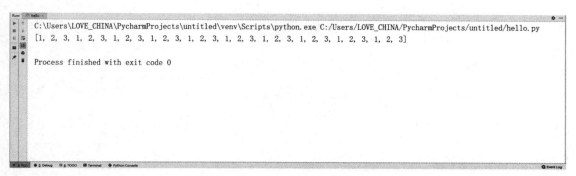

图 5-9　示例代码运行结果

4. 求列表的长度、最大值、最小值

len()函数的作用是取指定列表的元素个数，返回的是数字。max()函数的作用是取指定列表中的最大元素。min()函数的作用是取指定列表中的最小元素。

示例代码如下：

```
1. a = [1,2,3]
2. print("一共",len(a),"个元素")
3. print("最大值:",max(a))
4. print("最小值:",min(a))
```

运行结果如图 5-10 所示。

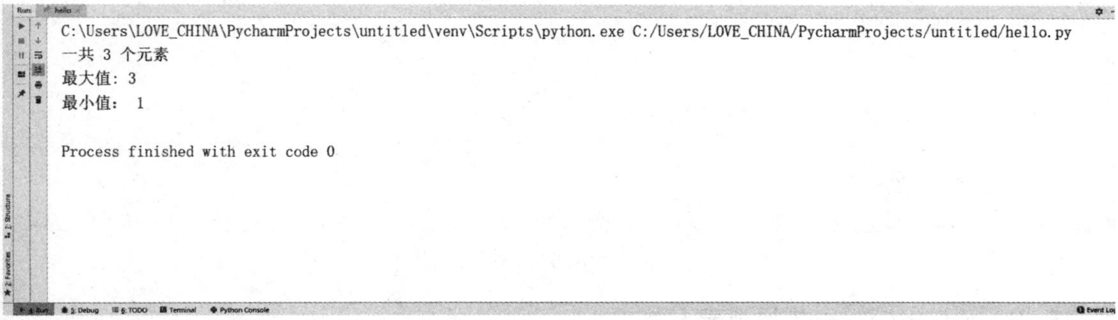

图 5-10　示例代码运行结果

5.2.3　常用列表

1. list.count()——统计

示例代码如下：

```
1. #统计某个元素在列表中出现的次数
2. name = ["a","b","c","d","a",1,2]
3. print(name.count("a"))
```

运行结果如图 5-11 所示。

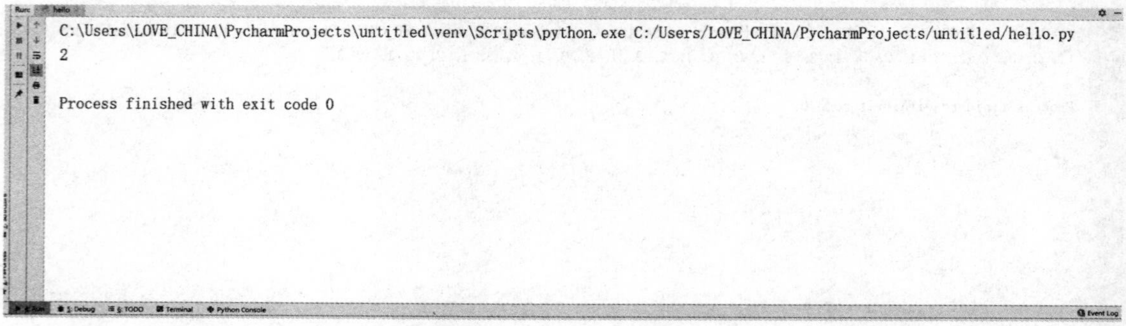

```
C:\Users\LOVE_CHINA\PycharmProjects\untitled\venv\Scripts\python.exe C:/Users/LOVE_CHINA/PycharmProjects/untitled/hello.py
2

Process finished with exit code 0
```

图 5-11 示例代码运行结果

2. list.append( )——添加对象

示例代码如下：

```
1. #在列表末尾添加新的对象
2. name =["a","b","c","d","a",1,2]
3. name.append("e")
4. print(name)
```

运行结果如图 5-12 所示。

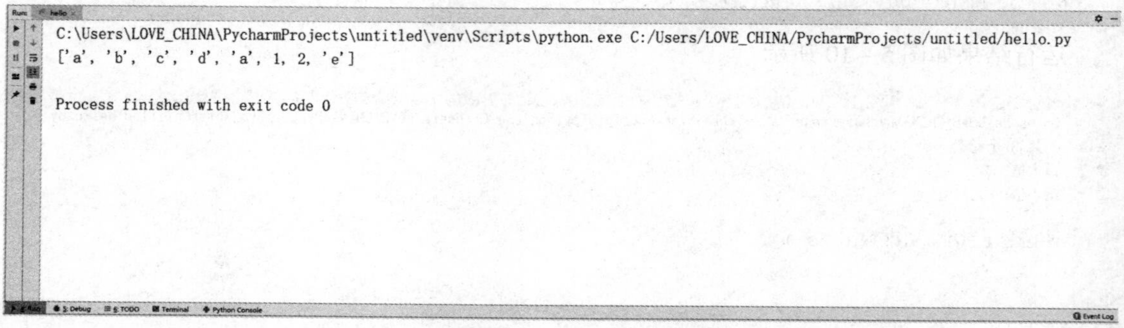

```
C:\Users\LOVE_CHINA\PycharmProjects\untitled\venv\Scripts\python.exe C:/Users/LOVE_CHINA/PycharmProjects/untitled/hello.py
['a', 'b', 'c', 'd', 'a', 1, 2, 'e']

Process finished with exit code 0
```

图 5-12 示例代码运行结果

3. list.extend( )——扩展列表

示例代码如下：

```
1. #扩展列表,在列表末尾一次性追加另一个列表中的多个值(相当于把 na 的元素复制到 name)
2. name =["a","b","c","d","a",1,2]
3. na =[2,3,4]
4. name.extend(na)
5. print(name)
```

运行结果如图 5-13 所示。

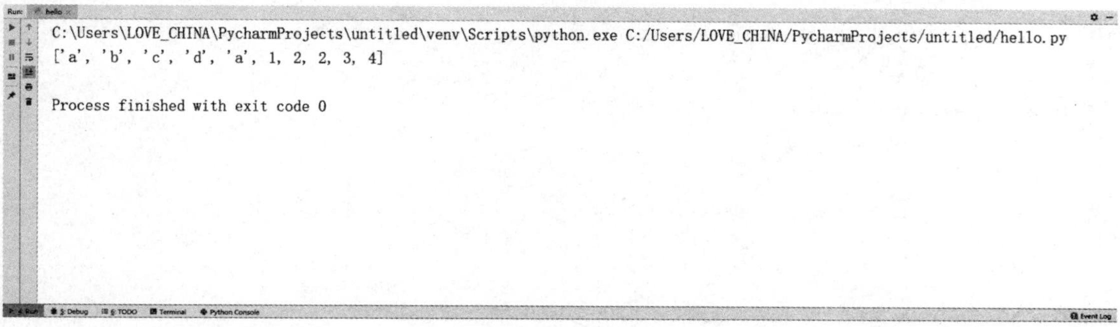

```
C:\Users\LOVE_CHINA\PycharmProjects\untitled\venv\Scripts\python.exe C:/Users/LOVE_CHINA/PycharmProjects/untitled/hello.py
['a', 'b', 'c', 'd', 'a', 1, 2, 2, 3, 4]

Process finished with exit code 0
```

图 5-13　示例代码运行结果

4. list. pop( )——删除对象

示例代码如下：

```
1. #移出列表中的一个元素
2. name = ["a","b","c","d","a",1,2]
3. name.pop(1)
4. print(name)
```

运行结果如图 5-14 所示。

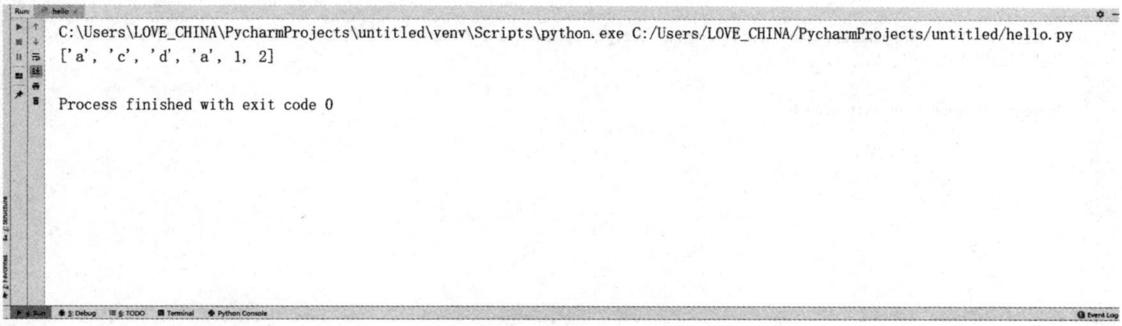

```
C:\Users\LOVE_CHINA\PycharmProjects\untitled\venv\Scripts\python.exe C:/Users/LOVE_CHINA/PycharmProjects/untitled/hello.py
['a', 'c', 'd', 'a', 1, 2]

Process finished with exit code 0
```

图 5-14　示例代码运行结果

5. list. remove( )——删除匹配项

示例代码如下：

```
1. #移除列表中某个值的第一个匹配项
2. name = ["a","b","c","d","a",1,2]
3. name.remove("a")
4. print(name)
```

运行结果如图 5-15 所示。

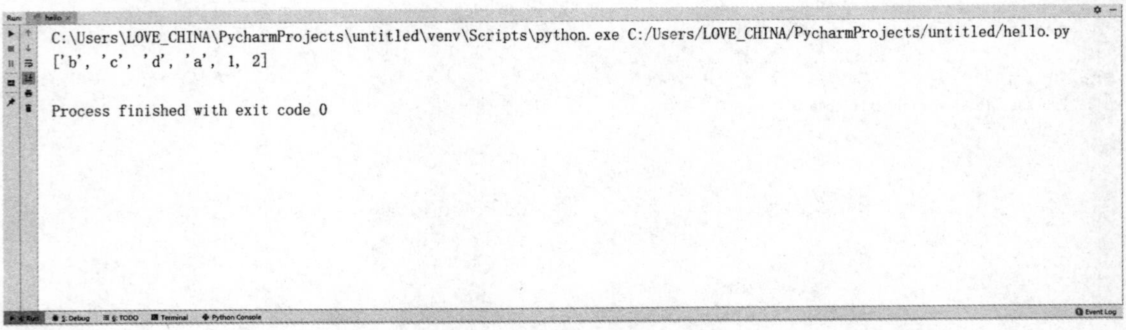

```
C:\Users\LOVE_CHINA\PycharmProjects\untitled\venv\Scripts\python.exe C:/Users/LOVE_CHINA/PycharmProjects/untitled/hello.py
['b', 'c', 'd', 'a', 1, 2]

Process finished with exit code 0
```

图 5-15 示例代码运行结果

6. list.insert( )——插入对象

示例代码如下：

```
1. #将对象插入列表的第一个位置
2. name=["a","b","c","d","a",1,2]
3. name.insert(1,"aa")
4. print(name)
```

运行结果如图 5-16 所示。

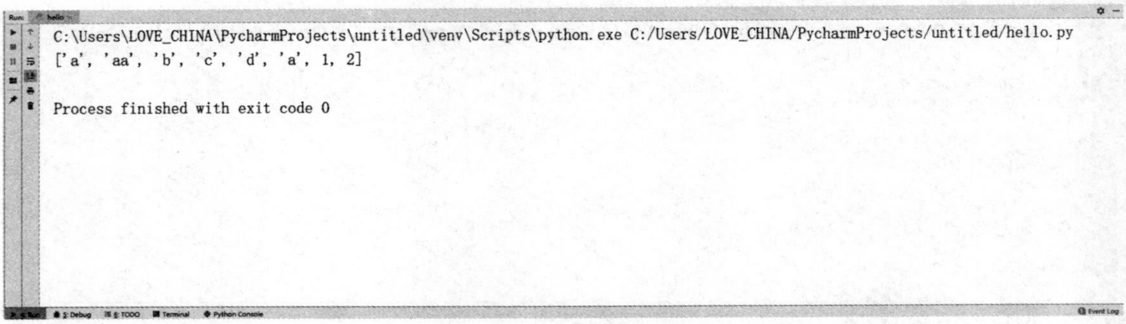

```
C:\Users\LOVE_CHINA\PycharmProjects\untitled\venv\Scripts\python.exe C:/Users/LOVE_CHINA/PycharmProjects/untitled/hello.py
['a', 'aa', 'b', 'c', 'd', 'a', 1, 2]

Process finished with exit code 0
```

图 5-16 示例代码运行结果

7. list.reverse( )——反向排序

示例代码如下：

```
1. #反向列表中元素
2. name=[5,9,1,2]
3. name.reverse()
4. print(name)
```

运行结果如图 5-17 所示。

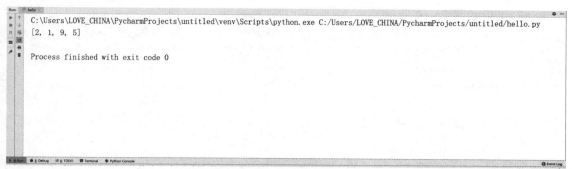

图 5-17 示例代码运行结果

8. list.index()——获取索引

示例代码如下：

```
1. name = [5,9,1,2]
2.
3. #从列表中找出某个值第一个匹配项的索引位置
4. dex = name.index(1)
5.
6. #将获取到的索引修改为6
7. name[dex] = 6
8.
9. print(name)
```

运行结果如图 5-18 所示。

```
C:\Users\LOVE_CHINA\PycharmProjects\untitled\venv\Scripts\python.exe C:/Users/LOVE_CHINA/PycharmProjects/untitled/hello.py
[5, 9, 6, 2]

Process finished with exit code 0
```

图 5-18 示例代码运行结果

9. list.sort()——排序

示例代码如下：

```
1. name = [5,9,1,2]
2. name.sort()
3.
4. print(name)
```

运行结果如图 5-19 所示。

图 5-19 示例代码运行结果

5.2.4 列表内涵

列表内涵（List Comprehensions，也译作"列表推导式"）是 Python 语言最强有力的语法之一，常用于从集合对象中有选择地获取并计算元素，虽然多数情况下可以使用 for、if 等语句组合完成同样的任务，但列表内涵书写的代码更简洁（当然有时可能会不易读）。

列表内涵的一般形式如下，可以把"[ ]"内的列表内涵写为一行，也可以写为多行（一般来说多行更易读）：

[表达式 for item1 in 序列 1 ... for itemN in 序列 N if 表达式]

上面的表达式分为 3 部分，最左边是生成每个元素的表达式，然后是 for 迭代过程，最右边可以设定一个 if 判断作为过滤条件。

列表内涵的一个著名例子是生成九九乘法表，代码如下：

```
s = [(x,y,x*y) for x in range(1,10) for y in range(1,10) if x >= y]
```

列表内涵可看作一种组合的流程控制语句，它与 C#中的 LINQ 类似（当然 LINQ 更强大，可以处理数据库和 XML）。

可以用列表内涵完成复杂的程序设计任务，而且效率一般比使用 for、if 等的组合语句高（因为中间省略了一些列表的生成和赋值过程）。Python 2.5 之后的版本对列表内涵进行了进一步的扩展，如果一个函数接受一个可迭代对象作为参数，那么可以给它传递一个不带中括号的列表内涵，这样就不需要一次生成整个列表，只要将可迭代对象传递给函数即可。

5.3 字典类型和操作

5.3.1 字典类型概述

Python 语言中的字典不是序列，而是一种映射。映射是其他对象的集合，是通过键而不是相对位置来存储的。实际上，映射并没有任何可靠的从左至右的顺序。它简单地将键映射到值。字典是 Python 语言核心对象集合中的唯一的一种映射类型，也具有可变性——可以改变,并可以随需求增大或减小,就像列表那样。也就是说,字典就像一本地址簿,如果知道了某人的姓名,就可以找到其地址或能够联系到对方的更多详细信息,换言之,将键(key)(即姓名)与值(value)(即地址等详细信息)联系到一起。在这里要注意到键必须是唯一的,正如在现实中面对两个完全同名的人没办法找出有关他们的正确信息。字典类型示意如图5-20所示。

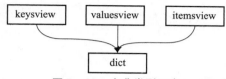

图5-20 字典类型示意

小提示:必须使用不可变的对象(如字符串)作为字典的键,但是可以使用可变或不可变的对象作为字典中的值。

在字典中,可以通过使用键值对的方法指定键与值。示例代码如下:

```
d = {key1:value1,key2:value2}
```

在这里要注意到成对的键与值之间使用冒号分隔,而每一对键与值则使用逗号进行区分,它们全都由一对花括号括起。

5.3.2 字典类型操作

1. 字典类型定义

字典类型可以理解为一种映射,而映射是一种键(索引)和值(数据)的对应,例如:

```
1. "streetAddr":"china"
2.
3. "city":"北京市"
4.
5. "zipcode":"100000"
```

既可使用花括号创建字典,也可使用dict()函数创建字典。实际上,dict是一种类型,它就是Python语言中的字典类型。在使用花括号创建字典时,花括号中应包含多个键值对,键与值之间用冒号隔开,多个键值对之间用英文逗号隔开。

2. 字典类型的用法

对于初学者而言,应牢记字典包含多个键值对,而键是字典的关键数据,因此程序对字典的操作都是基于键的。基本操作如下:

(1)通过键访问值。示例代码如下:

```
1. name = {"name":"lifei","age":"20"}
2.
3.
4. #通过键访问值
5. print(name["name"])
```

运行结果如图 5-21 所示。

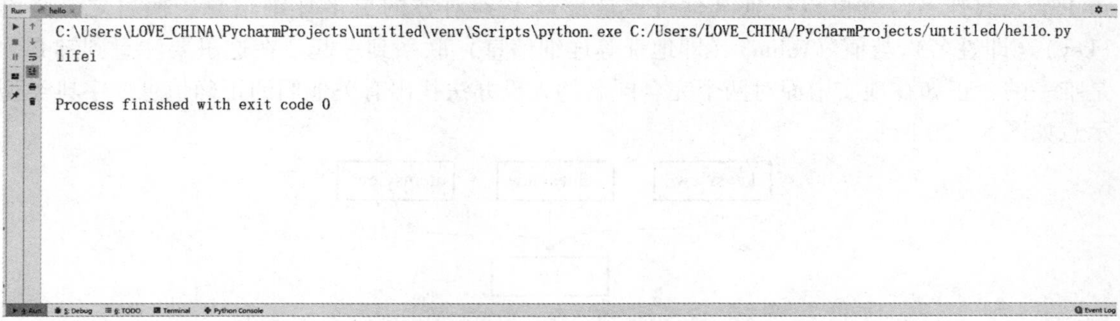

```
C:\Users\LOVE_CHINA\PycharmProjects\untitled\venv\Scripts\python.exe C:/Users/LOVE_CHINA/PycharmProjects/untitled/hello.py
lifei

Process finished with exit code 0
```

图 5-21　示例代码运行结果

（2）通过键添加键值对。示例代码如下：

```
1. name = {"name":"lifei","age":"20"}
2.
3. name.setdefault("address","beijing")
4.
5.
6. #通过键添加键值对
7. print(name)
```

运行结果如图 5-22 所示。

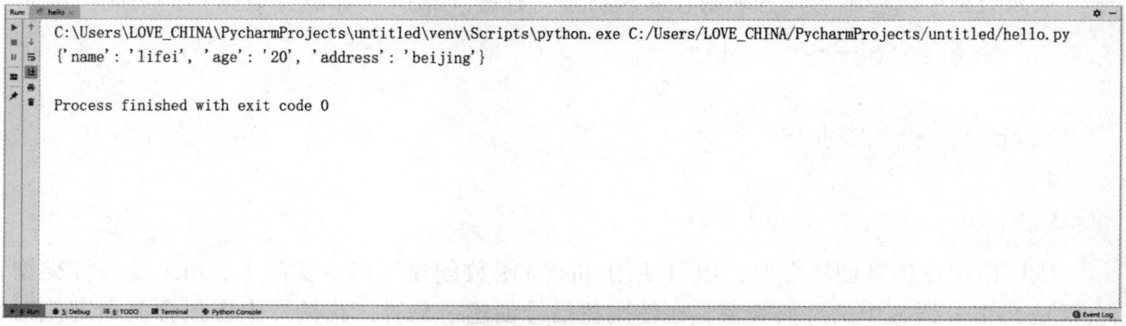

```
C:\Users\LOVE_CHINA\PycharmProjects\untitled\venv\Scripts\python.exe C:/Users/LOVE_CHINA/PycharmProjects/untitled/hello.py
{'name': 'lifei', 'age': '20', 'address': 'beijing'}

Process finished with exit code 0
```

图 5-22　示例代码运行结果

（3）通过键删除键值对。示例代码如下：

```
1. name = {"name":"lifei","age":"20"}
2.
3. #通过 key 删除 key-value 对
4. del name["name"]
5.
6. print(name)
```

运行结果如图 5-23 所示。

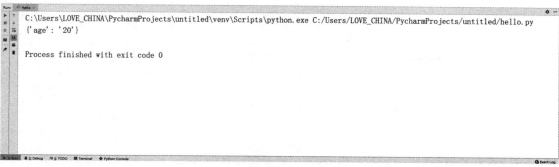

图 5-23　示例代码运行结果

（4）通过键修改键值对。示例代码如下：

```
1. name={"name":"lifei","age":"20"}
2.
3.
4. #通过键修改键值对
5. name["name"]="zhangfei"
6.
7. print(name)
```

运行结果如图 5-24 所示。

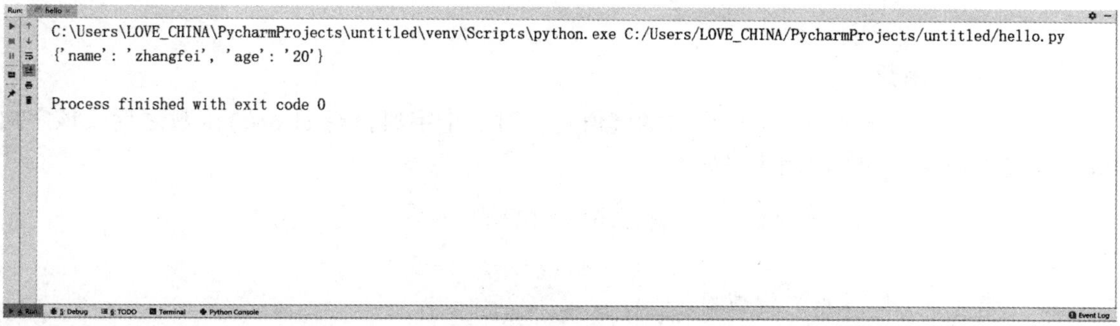

图 5-24　示例代码运行结果

（5）通过键判断指定键值对是否存在。示例代码如下：

```
1. name={"name":"lifei","age":"20"}
2.
3.
4. #通过键判断指定键值对是否存在
5. print("age" in name)
```

运行结果如图 5-25 所示。

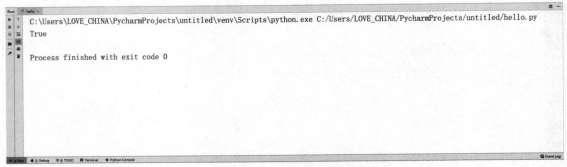

图 5-25　示例代码运行结果

通过键访问值使用的也是方括号语法，就像前面介绍的列表和元组一样，只是此时在方括号中放的是键，而不是列表或元组中的索引。

通过介绍可以看出，字典的键是它的关键。换个说法，字典的键就相当于它的索引，只不过这些索引不一定是整数类型，字典的键可以是任意不可变类型。可以这样说，字典相当于索引是任意不可变类型的列表，而列表则相当于键只能是整数的字典。因此，如果程序中要使用的字典的键都是整数类型，则可考虑能否换成列表。

此外，还有一点需要指出，列表的索引总是从 0 开始、连续增大的，但字典的键即使是整数类型，也不需要从 0 开始，而且不需要连续。因此，列表不允许对不存在的索引赋值，但字典则允许直接对不存在的键赋值，这样就会为字典增加一个键值对。

5.3.3　常用函数

1. clear( )函数

clear( )函数用于清空字典中所有的键值对，对一个字典执行 clear( )函数之后，该字典就会变成一个空字典。示例代码如下：

```
1. name={"name":"lifei","age":"20"}
2. 
3. #清空 name 的所有键值对
4. name.clear()
5. 
6. print(name)
```

从上述代码可以看出，字典 name 调用 clear( )函数后清除了所有的值，输出为空，输出返回值为 None，即无返回值。

2. get( )函数

get( )函数其实就是根据键来获取值，它相当于方括号语法的增强版，当使用方括号语法访问并不存在的键时，字典会引发 KeyError 错误；但如果使用 get( )函数访问不存在的键，该函数会简单地返回 None，不会导致错误。示例代码如下：

```
1. name={"name":"lifei","age":"20"}
2.
3. print(name.get("name"))
```

3. update()函数

update()函数可使用一个字典所包含的键值对来更新已有的字典。在执行update()函数时,如果被更新的字典中已包含对应的键值对,那么原值会被覆盖;如果被更新的字典中不包含对应的键值对,则该键值对被添加进去。示例代码如下:

```
1. name={"name":"lifei","age":"20"}
2.
3. name.update({"name":"zhangfei"})
4.
5. print(name)
```

从上述代码可以看出,提供字典中的项被添加到了字典中,若有相同的值会被覆盖。

4. items()、keys()、values()函数

items()、keys()、values()函数分别用于获取字典中的所有键值对、所有键、所有值。这3个函数依次返回dict_items、dict_keys和dict_values对象,Python语言不希望用户直接操作这几个函数,但可通过list()函数把它们转换成列表。如下代码示范了这3个函数的用法:

第一种方法的示例代码如下:

```
1. name={"name":"lifei","age":"20"}
2.
3. list=name.items()
4.
5. print(list)
```

运行结果如图5-26所示。

```
C:\Users\LOVE_CHINA\PycharmProjects\untitled\venv\Scripts\python.exe C:/Users/LOVE_CHINA/PycharmProjects/untitled/hello.py
dict_items([('name', 'lifei'), ('age', '20')])

Process finished with exit code 0
```

图5-26 示例代码运行结果

第二种方法的示例代码如下:

```
1. name={"name":"lifei","age":"20"}
2.
3. list=name.keys()
4.
5. print(list)
```

运行结果如图 5-27 所示。

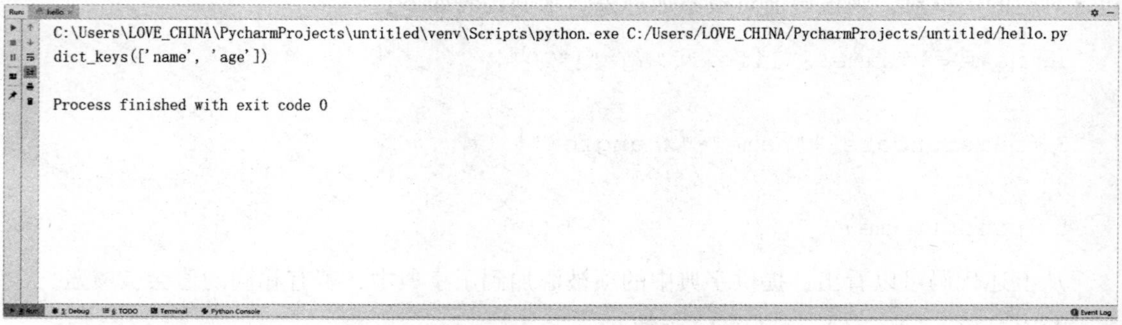

```
C:\Users\LOVE_CHINA\PycharmProjects\untitled\venv\Scripts\python.exe C:/Users/LOVE_CHINA/PycharmProjects/untitled/hello.py
dict_keys(['name', 'age'])

Process finished with exit code 0
```

图 5-27 示例代码运行结果

第三种方法的示例代码如下：

```
1. name={"name":"lifei","age":"20"}
2.
3. list=name.values()
4.
5. print(list)
```

运行结果如图 5-28 所示。

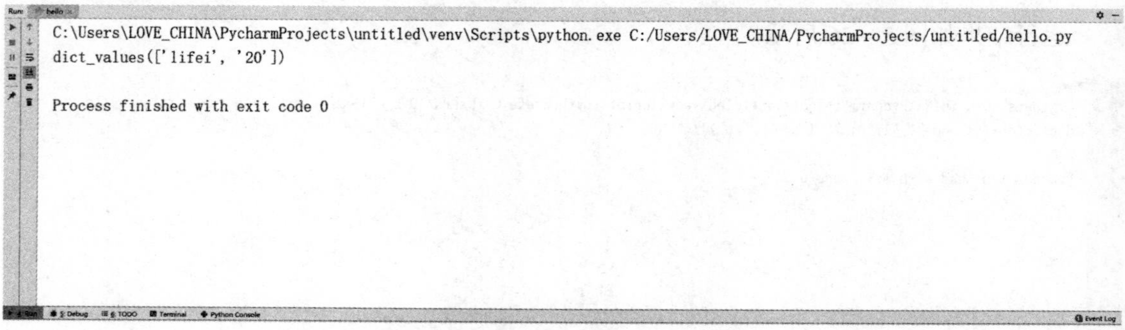

```
C:\Users\LOVE_CHINA\PycharmProjects\untitled\venv\Scripts\python.exe C:/Users/LOVE_CHINA/PycharmProjects/untitled/hello.py
dict_values(['lifei', '20'])

Process finished with exit code 0
```

图 5-28 示例代码运行结果

从上面的代码可以看出，程序调用 items()、keys()、values() 函数之后，都需要调用 list() 函数将它们转换为列表，这样即可把这 3 个函数的返回值转换为列表。

5. pop()函数

pop()函数用于获取指定键对应的值,并删除这个键值对。示例代码如下:

```
1. name = {"name":"lifei","age":"20"}
2.
3. name.pop("name")
4.
5. print(name)
```

运行结果如图 5-29 所示。

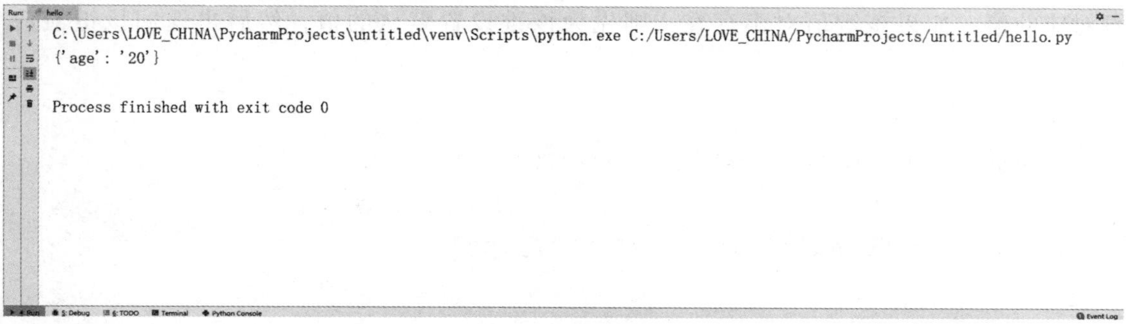

```
C:\Users\LOVE_CHINA\PycharmProjects\untitled\venv\Scripts\python.exe C:/Users/LOVE_CHINA/PycharmProjects/untitled/hello.py
{'age': '20'}

Process finished with exit code 0
```

图 5-29　示例代码运行结果

此程序中,将会获取 name 对应的值,并删除该键值对。

6. popitem()函数

popitem()函数用于随机弹出字典中的一个键值对。示例代码如下:

```
1. name = {"name":"lifei","age":"20"}
2.
3. name.popitem()
4.
5. print(name)
```

运行结果如图 5-30 所示。

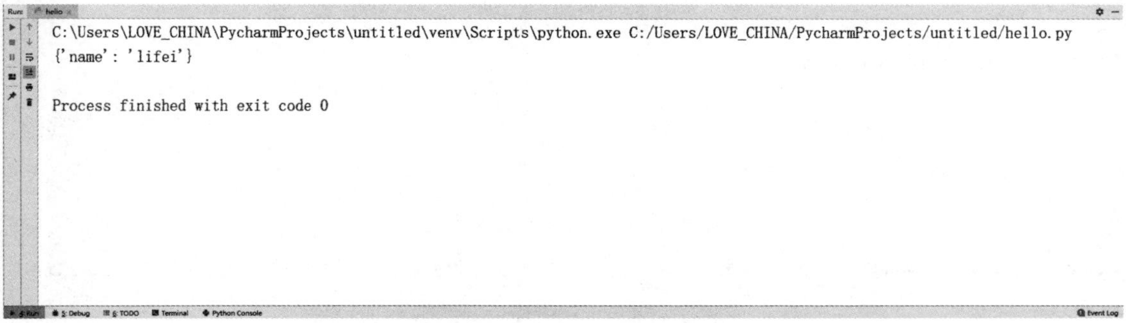

```
C:\Users\LOVE_CHINA\PycharmProjects\untitled\venv\Scripts\python.exe C:/Users/LOVE_CHINA/PycharmProjects/untitled/hello.py
{'name': 'lifei'}

Process finished with exit code 0
```

图 5-30　示例代码运行结果

小提示：此处的随机其实是假的，正如列表的 pop( ) 函数总是弹出列表中的最后一个元素，实际上字典的 popitem( ) 函数也是弹出字典中的最后一个键值对。由于字典存储键值对的顺序是不可知的，因此开发者感觉字典的 popitem( ) 函数是"随机"弹出的，但实际上字典的 popitem( ) 函数总是弹出底层存储的最后一个键值对。

7. setdefault( ) 函数

setdefault( ) 函数也用于根据键获取对应的值。但该方法有一个额外的功能，即当程序要获取的键在字典中不存在时，该函数会先为这个不存在的键设置一个默认的值，然后再返回该键对应的值。

总之，setdefault( ) 方法总能返回指定键对应的值；如果该键值对存在，则直接返回该键对应的值；如果该键值对不存在，则先为该键设置默认的值，然后再返回该键对应的值。

示例代码如下：

```
1. name = {"name":"lifei","age":"20"}
2.
3. name.setdefault("address","beijing")
4.
5. print(name)
```

8. fromkeys( ) 函数

fromkeys( ) 函数使用给定的多个键创建字典，这些键对应的值默认都是 None；也可以额外传入一个参数作为默认的值。该函数一般不会使用字典对象调用（没什么意义），通常会使用 dict 类直接调用。示例代码如下：

```
1. dict.fromkeys(["1","a"])
2.
3. print(dict.fromkeys(["1","a"]))
```

运行结果如图 5-31 所示。

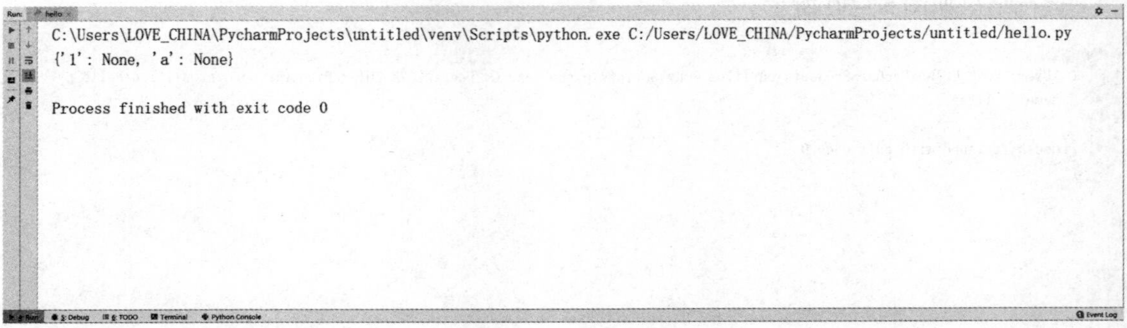

图 5-31　示例代码运行结果

5.3.4 字典内涵

Python 语言的字典包含以下内置函数,见表 5-2。

表 5-2 字典内置函数

函数	说明	示例
len( )	返回字典的长度,是键的个数,也是值的个数,也是键值对的个数。空字典的长度是 0	len({"name":"lifei"}) Out[ ]:2
any( )和 all( )	类似于对列表、tuple 的操作,不过这两个函数检验的是字典的键。 any( ):只要字典有一个键为 True 则返回 True; all( ):只有字典的所有键都为 True 才返回 True	any({"":"lifei",1:"20"}) Out[ ]:True all({"":"lifei",1:"20"}) Out[ ]:False all({"11":"lifei",1:"20"}) Out[ ]:True
sorted( )	跟操作列表、tuple 的效果一样,它把字典的所有键当作一个列表(或元组)进行排序	sorted({"11":"lifei",1:"20"}) Out[ ]:["11","1"]
in 运算符	跟列表,元组一样,in 运算符用来检验一个键是不是在字典中	"11" in {"11":"lifei",1:"20"} Out[ ]:True

例 5-1 编写小学生算术能力测试系统。

需求:设计一个程序,用来实现帮助小学生进行百以内算术的练习,它具有以下功能:提供 10 道加、减、乘、除 4 种基本算术运算的题目;练习者根据显示的题目输入自己的答案,程序自动判断输入的答案是否正确并显示相应的信息。

代码如下:

```
1.  import random
2.
3.  #定义用来记录总的答题数目和回答正确的数目
4.  count =0
5.  right =0
6.
7.  #要求提供10 道题目
8.  while count <=10:
9.      # 创建列表,用来记录加、减、乘、除四大运算符
10.     op =['+','-','*','/']
11.     # 随机生成op 列表中的字符
12.     s = random.choice(op)
13.     # 随机生成100 以内的数字
14.     a = random.randint(0,100)
```

```
15.     # 除数不能为0
16.     b = random.randint(1,100)
17.     print('%d%s%d='%(a,s,b))
18.     # 默认输入的为字符串类型
19.     question = input('请输入您的答案:(q退出)')
20.     # 判断随机生成的运算符,并计算正确结果
21.     if s =='+':
22.         result = a + b
23.     elif s =='-':
24.         result = a - b
25.     elif s =='*':
26.         result = a * b
27.     else:
28.         result = a / b
29.
30.     # 判断用户输入的结果是否正确,str表示强制转换为字符串类型
31.     if question == str(result):
32.         print('回答正确')
33.         right += 1
34.         count += 1
35.     elif question =='q':
36.         break
37.     else:
38.         print('回答错误')
39.         count += 1
40. #计算正确率
41. if count ==0:
42.     percent = 0
43. else:
44.     percent = right/count
45.
46. print('测试结束,共回答%d道题,回答正确个数为%d,正确率为%.2f%%'%(count,right,percent*100))
```

运行结果如图5-32所示。

```
C:\Users\LOVE_CHINA\PycharmProjects\untitled\venv\Scripts\python.exe C:/Users/LOVE_CHINA/PycharmProjects/untitled/hello.py
99 + 100 =
请输入您的答案:(q退出)199
回答正确
测试结束,共回答1道题,回答正确个数为1,正确率为100.00%
18 + 22 =
请输入您的答案:(q退出)
```

图 5-32　例 5-1 运行结果

例 5-2　模拟栈的工作原理。

需求：模拟入栈、出栈、查看栈顶元素、确定栈的长度和判断栈是否为空。

注意：空栈不能出栈,且此时无栈顶元素。

代码如下：

```
1.  #定义一个空列表,用来表示栈
2.  stack = []
3.
4.  #定义操作选项的变量
5.  info ="""
6.          栈操作
7.      1. 入栈
8.      2. 出栈
9.      3. 栈顶元素
10.     4. 栈的长度
11.     5. 栈是否为空
12.     q. 退出
13. """
14. #无限循环
15. while True:
16.     # 输出操作选项信息
17.     print(info)
18.     choice = input('请输入选择:')
19.     if choice =='1':
20.         print('入栈'.center(50,'*'))
21.         # 接收入栈元素
22.         item = input('入栈元素:')
23.         # append:添加元素到列表中
24.         stack.append(item)
```

```
25.            print('元素%s入栈成功'% item)
26.        elif choice =='2':
27.            if len(stack) ==0:
28.                print('栈为空,无法出栈')
29.            else:
30.                print('出栈'.center(50,'*'))
31.                # pop:删除列表中的最后一个元素
32.                item = stack.pop()
33.                print('%s元素出栈成功'% item)
34.        elif choice =='3':
35.            # len:列表长度
36.            if len(stack) ==0:
37.                print('栈为空,无栈顶元素')
38.            else:
39.                print('栈顶元素为%s'% stack[-1])
40.        elif choice =='4':
41.            print('栈的长度为%s'% len(stack))
42.        elif choice =='5':
43.            if len(stack) ==0:
44.                print('栈为空')
45.            else:
46.                print('栈不为空')
47.        elif choice =='q':
48.            break
49.        else:
50.            print('请输入正确的选择')
```

运行结果如图5-33所示。

```
C:\Users\LOVE_CHINA\PycharmProjects\untitled\venv\Scripts\python.exe C:/Users/LOVE_CHINA/PycharmProjects/untitled/hello.py
            栈操作
    1.入栈
    2.出栈
    3.栈顶元素
    4.栈的长度
    5.栈是否为空
    q.退出

请输入选择:1
********************入栈********************
入栈元素:22
元素22入栈成功
```

图5-33 例5-2运行结果

本章小结

本章主要介绍了 Python 语言的集合、列表和字典及其常用方法和操作，并通过实例进行了理论和实践的讲解，以让读者深入了解理论知识和熟练掌握相关操作技能。

课后习题

一、选择题

1. 假设：ty=['china','russian','japan']。在使用列表时，以下会引起索引错误的是（　　）。
   A. ty[-1]　　　　　　B. ty[-2]　　　　　　C. ty[0]　　　　　　D. ty[3]

2. 对于序列 s，能够返回序列 s 中第 i 到 j 以 k 为步长的元素子序列的是（　　）。
   A. s(i,j,k)　　　　　　　　　　　　　　B. s[i; j; k]
   C. s[i,j,k]　　　　　　　　　　　　　　D. s[i: j: k]

3. 下列说法中错误的是（　　）。
   A. 除字典类型外，所有标准对象均可以用于布尔测试
   B. 空字符串的布尔值是 False
   C. 空列表对象的布尔值是 False
   D. 值为 0 的任何数字对象的布尔值都是 False

4. 以下不能创建一个字典的语句是（　　）。
   A. dict1={}　　　　　　　　　　　　　B. dict2={3:5}
   C. dict3=dict([2,5],[3,4])　　　　　　　D. dict4=dict(([1,2],[3,4]))

5. 下面不能创建一个集合的语句是（　　）。
   A. s1=set()　　　　　　　　　　　　　B. s2=set("abcd")
   C. s3=(1,2,3,4)　　　　　　　　　　　D. s4=frozenset((3,2,1))

6. S 和 T 是两个集合，以下对 S^T 的描述正确的是（　　）。
   A. s 和 t 的差集运算，包括在 s 但不在 t 中的元素
   B. s 和 t 的补集运算，包括 s 和 t 中的非相同元素
   C. s 和 t 的并集运算，包括在 s 和 t 中的所有元素
   D. s 和 t 的交集运算，包括同时在 s 和 t 中的元素

7. 设有序列 s，以下对 s.index(x) 的描述正确的是（　　）。
   A. 返回序列 s 中序号为 x 的元素
   B. 返回序列 s 中元素 x 第一次出现的序号
   C. 返回序列 s 中 x 的长度
   D. 返回序列 s 中元素 x 所有出现位置的序号

8. 关于 Python 语言中组合数据类型，以下描述错误的是（　　）。
   A. 组合数据类型可以分为 3 类：序列类型、集合类型和映射类型

B. 组合数据类型能够将多个相同类型或不同类型的数据组织起来，通过单一的表示使数据操作更有序、更容易

C. 序列类型是二维元素向量，元素之间存在先后关系，通过序号访问

D. 字符串、元组和列表都属于序列类型

二、编程题

1. 产生两个集合，各包含 20 个 [1，200] 范围内的随机整数，计算着两个集合的交集和并集，并输出结果。

2. 使用 map( ) 函数将 [1，2，3，4] 处理成 [1，0，1，0]。

3. 列表 ls＝[[1，2，3]，[5，4，3]，[0，8]]，则 len(ls) 值是多少？

三、填空题

1. 下面代码的功能是随机生成 50 个 [1，20] 范围内的整数，然后统计每个整数出现的频率。请把缺少的代码补全。

```
import random
x = [random._____(1,20)
 for i in range(_____)]
 r = dict()
for i in x: r[i] = r.get(i,_____) +1
 for k,v in r.items():
print(k,v)
```

2. 切片操作 list(range(6))[::2]的执行结果为_____。

3. 使用切片操作在列表对象 x 的开始处增加一个元素 3 的代码为_____。

4. 字典中多个元素之间使用_____分隔开，每个元素的键与值之间使用_____分隔开。

5. 字典对象的_____函数可以获取指定键对应的值，并且可以在指定键不存在的时候返回指定值，如果不指定则返回 None。

6. 字典对象的_____函数返回字典中的键值对列表。

7. 字典对象的_____函数返回字典的键列表。

8. 表达式 set([1,1,2,3])的值为_____。

9. 已知 x＝[1,11,111]，那么执行语句 "x.sort(key＝lambda x：len(str(x)) , reverse＝True)" 之后，x 的值为_____。

10. 表达式 list(zip([1,2]，[3,4]))的值为_____。

四、判断题

1. Python 语言支持使用字典的键作为下标来访问字典中的值。（   ）

2. 已知 x 为非空列表，那么表达式 sorted(x,reverse＝True) ＝＝ list(reversed(x))的值一定是 True。（   ）

3. Python 语言集合中的元素不允许重复。（   ）

4. Python 语言集合可以包含相同的元素。（   ）

5. Python 语言集合中的元素可以是元组。（   ）

6. 已知 A 和 B 是两个集合，则表达式 AB 的值一定为 True。（   ）

7. 假设有非空列表 x，那么 x.append(3)、x = x + [3] 与 x.insert(0,3) 在执行时间上基本没有太大区别。（   ）

8. 使用 del 命令或者列表对象的 remove() 函数删除列表中元素时会影响列表中部分元素的索引。（   ）

第 6 章 文 件

本章要点

(1) 读、写文件的方法；
(2) 创建文件的方法；
(3) CSV 和 Excel 文件的处理；
(4) 关闭文件的方法。

引言

保存用 Python 语言编写的应用程序，涉及文件的概念。文件是数据的集合，是操作系统提供给用户或应用程序来操作硬盘的虚拟概念，通过操作文件系统，可以将数据永久保存下来。本章细讲解创建文件的方法，读、写文件的方法及 CSV 和 Excel 文件的处理。

6.1 文件概述

文件以文本、图片、音频、视频等形式存储在各种外部介质中，例如电脑硬盘、移动存储器等，可以通过各种程序进行创建、修改和使用。

6.1.1 Python 文件系统

Python 语言可以从文件中读取、写入数据，也可以对文件和目录进行创建、修改、复制、删除等操作。Python 语言提供了大量的文件操作函数。

6.1.2 文件的使用过程

当对文件进行操作时，首先从外部介质将文件读取到内存中，由当前程序按照特定的编码方式进行读写等操作。在关闭文件时，程序会释放对该文件的控制，并将其存储到外部介质中。

6.2 文件的打开和关闭

6.2.1 文件的打开：open()函数

在 Python 语言中，可以使用 open()函数从文件中读取数据，并创建一个文件对象。
open()函数的基本语法格式如下：

> open(file,mode,buffering,encoding,errors,newline,closefd,opener)

open()函数主要参数的含义如下：

（1）参数 file：指要打开文件的保存地址，可以使用相对路径或绝对路径，一定要写清楚，否则计算机找不到。

（2）参数 mode：指文件打开后的处理方式，是可选择的参数，打开的模式 'r'、'w'、'a' 分别代表可读、可写和追加；还有一个 'U' 模式，代表通用换行符支持。使用 'r' 或 'U' 模式打开的文件必须是已经存在的；使用 'w' 模式打开的文件若存在则首先清空，然后重新创建；使用 'a' 模式打开的文件准备追加数据的，所有写入的数据都将追加到文件的末尾。文件打开模式见表6-1。

表6-1 文件打开模式

模式	说明
'r'	以只读方式打开文件，为默认模式
'w'	以写入方式打开文件。先删除原文件内容，再重新写入新内容。如果文件不存在，则创建
'x'	以写入方式创建新文件并打开文件
'a'	以写入方式打开文件，在文件末尾追加新内容。如果文件不存在，则创建
'b'	以二进制模式打开文件，与 'r'、'w'、'a'、'+' 模式结合使用。图片、视频等必须用 'b' 模式打开
't'	文本模式，默认，与 'r'、'w'、'a' 模式结合使用
'+'	打开文件，追加读写

（3）参数 buffering：设置缓存模式。0 表示不缓存，1 表示缓存，如果大于1 则表示缓存区的大小，以字节为单位。

（4）参数 encoding：字符编码。只用于文本模式，可以使用 Python 语言支持的任何格式，如 GBK、UTF-8、CP936 等。

（5）参数 errors：报错级别，可以省略。

（6）参数 newline：区分换行符，可以省略。

（7）参数 closefd：传入的 file 参数类型，可以省略。

（8）参数 opener：可以省略。

正常执行程序，open()函数返回一个对象，通过该文件可以进行读写操作，如果文件不存在、没有访问权限或者磁盘空间不够等原因导致对象加载失败则抛出异常。下面的代码分别以读、写方式打开文件并创建文件之间的连接。

假设有个文件名为"a.txt"的文本文件,其路径是"G:/目录",可以通过如下方式打开此文件:

```
file = open('G:/a.txt','r')
```

(1) 读文件的示例代码如下:

```
1. dir = 'G:/a.txt'
2. name = open(dir,'r')
3. print (name.read(12))
```

(2) 创建并写入文件的示例代码如下:

```
1. dir = 'G:/aa.txt'
2. name = open(dir,'w')
3. name.write('How are you? \n')
```

执行这个程序,就在G盘下创建了"aa.txt"文件。

6.2.2 文件的关闭:close()函数

尽管Python语言会自动关闭不用的文件,但自动关闭文件时机不确定。因此,在文件使用完毕后必须将其关闭,因为文件对象会占用操作系统的内存资源,并且同一时间操作系统能打开的文件数量也是有限的。

对于使用open()函数打开的文件,可以用close()函数将其关闭。其语法格式如下:

```
file.close()
```

其中,file表示已打开的文件对象。

使用open()函数打开的文件,在操作完成之后,必须用close()函数将其关闭,否则程序的运行可能出现异常。

示例代码如下:

```
1. import os
2. file = open('G:/aaa.txt','w')
3. os.remove('G:/aaa.txt')
```

执行完上述代码,引入了os模块,调用了该模块中的remove()函数,该函数的功能是删除指定的文件。但是,如果运行此程序,Python解释器会报如下错误:

```
1. Traceback(most recent call last):
2.   File"E:/untitled1/hello.py",line 3,in <module>
3.     os.remove('G:/aaa.txt')
4. PermissionError:[WinError 32]另一个程序正在使用此文件,进程无法访问: 'G:/aaa.txt'
5. Process finished with exit code 1
```

显然，由于使用了open()函数打开了"aaa.txt"文件，但没有及时关闭，直接导致后续的remove()函数运行出现错误。因此，正确的程序如下：

```
1. import os
2.
3. file = open('G:/aaa.txt','w')
4.
5. file.close()
6.
7. os.remove('G:/aaa.txt')
```

执行上述代码，可以发现"aaa.txt"文件已经被成功删除了。

6.3 文件的写入

6.3.1 文件的读写：write()函数、read()函数

在Python语言中，可以用write()函数向文件中写入指定内容。该函数的语法格式如下：

```
file.write(string)
```

其中，file表示已经打开的文件对象；string表示要写入文件的字符串（或字节串，仅适用于写入二进制文件中）。

小提示：在使用write()函数向文件中写入数据时，需保证是使用open()函数以 'r+'、'w'、'w+'、'a' 或 'a+' 的模式打开文件，否则执行write()函数会抛出io.UnsupportedOperation错误。

例如，创建一个"hello.txt"文件，该文件内容如下：

```
How are you?
```

在和"hello.txt"文件同级目录下，创建一个Python文件，编写如下代码：

```
1. file = 'G:/hello.txt'
2.
3. name = open(file,'w')
4.
5. name.write('How are you? ')
6.
7. name.close()
```

前面已经讲过，如果打开文件的模式为 'w'（写入），那么向文件中写入内容时，会先清空原文件中的内容，然后再写入新的内容。因此运行上面的程序，再次打开"hello.txt"文件，只会看到新写入的内容。如果打开文件模式为 'a'（追加），则不会清空原有内容，而是将新写入的内容添加到原内容后边。例如，还原"hello.txt"文件中的内容，并修改上面代码为：

```
1. file ='G:/hello.txt'
2.
3. name = open(file,'a')
4.
5. name.write('How are you? ')
6.
7. name.close()
```

再次打开"hello.txt"文件，可以看到如下内容：

```
How are you? How are you?
```

因此，采用不同的文件打开模式，会直接影响 write( ) 函数向文件中写入数据的效果。

小提示：在写入文件完成后，一定要调用 close( ) 函数将打开的文件关闭，否则写入的内容不会保存到文件中。例如，将上面程序中的最后一行"name.close( )"删掉，再次运行此程序并打开"hello.txt"，会发现该文件是空的。这是因为，在写入文件内容时，操作系统不会立刻把数据写入磁盘，而是先缓存起来，只有调用 close( ) 函数时，操作系统才会保证把没有写入的数据全部写入磁盘文件中。

read( ) 函数的基本语法格式如下：

```
file.read(size)
```

其中，file 表示已打开的文件对象；size 作为一个可选参数，用于指定一次最多可读取的字符（字节）个数，如果省略，则默认一次性读取所有内容。

示例代码如下：

```
1. file ='G:/hello.txt'
2.
3. name = open(file,'r')
4.
5. print(name.read(50))
```

运行结果为：

```
How are you? How are you?
```

6.3.2 文件的定位

在实际应用中，人们不会一直按照数据顺序对文件进行读、写操作，如果需要操作特定位置的数据，则需要对文件的内容进行定位。

通过 Tell( ) 函数可以获取文件指针当前的位置。

示例代码如下：

```
1.  #打开文件
2.
3.  f = open('E:\data.txt',mode = "r")
4.
5.  #输出文件名称
6.
7.  print(f.name)
8.
9.  #读取数据
10.
11. line = f.readline()
12. print("读取数据%s"% line)
13.
14. #获取当前文件位置
15.
16. po = f.tell()
17. print("读取数据%d"% po)
18.
19. #关闭文件
20. f.close()
```

运行结果如图 6-1 所示。

```
C:\Users\LOVE_CHINA\PycharmProjects\untitled\venv\Scripts\python.exe C:/Users/LOVE_CHINA/PycharmProjects/untitled/hello.py
D:\data.txt
读取数据xxxxxxxxxxxxxxxxxxxxxxxxxxxxxxxx
读取数据34

Process finished with exit code 0
```

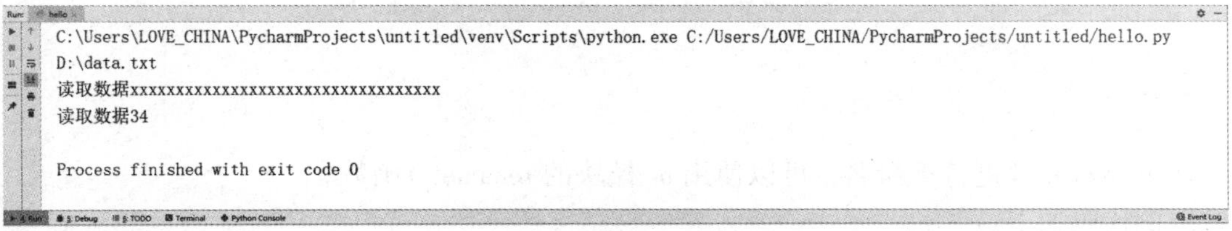

图 6-1 示例代码运行结果

如果要移动文件指针的位置，可以使用 seek() 函数。
示例代码如下：

```
1.  #打开文件
2.
3.  f = open('E:\data.txt',mode = "r")
4.
5.  #输出文件名称
6.
7.  print(f.name)
8.
9.  #读取数据
```

```
10.
11. line = f.readline()
12. print("读取数据1% s"% line)
13.
14. #重新设置文件读取指针
15.
16. f.seek(0,0)
17. line = f.readline()
18. print("读取数据2% s"% line)
19.
20. #关闭文件
21. f.close()
```

运行结果如图6-2所示。

```
C:\Users\LOVE_CHINA\PycharmProjects\untitled\venv\Scripts\python.exe C:/Users/LOVE_CHINA/PycharmProjects/untitled/hello.py
D:\data.txt
读取数据1xxxxxxxxxxxxxxxxxxxxxxxxxxxxxxxxx
读取数据2xxxxxxxxxxxxxxxxxxxxxxxxxxxxxxxxx

Process finished with exit code 0
```

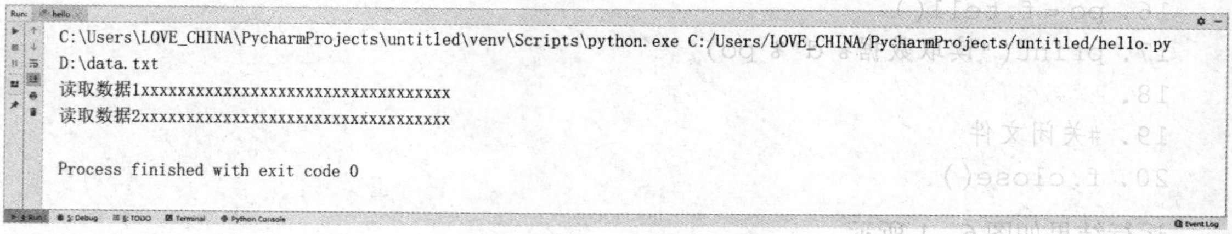

图6-2 示例代码运行结果

6.3.3 重命名和删除

如果要对文件进行重命名，可以使用os模块的rename()函数。
示例代码如下：

```
1.  #导入os模块
2.
3.  import os
4.
5.  src = "E:\\data.txt"
6.  dst = "E:\\date.txt"
7.
8.  try:
9.      os.rename(src,dst)
10.
11. except Exception as e:
```

```
12.
13.     print(e)
14.
15.     print("fail")
16.
17. else:
18.
19.     print("success")
```

运行结果如图6-3所示。

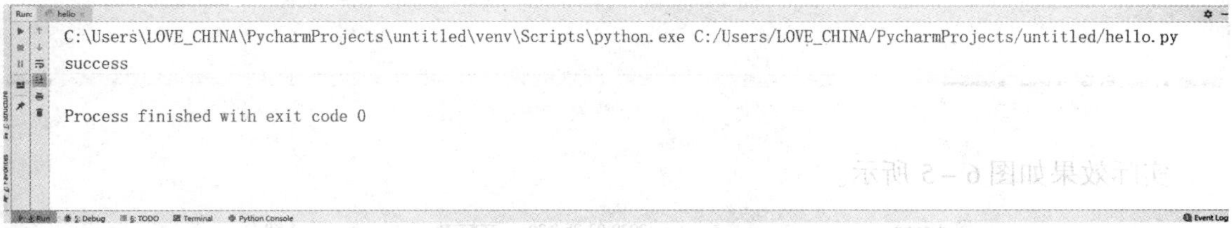

```
C:\Users\LOVE_CHINA\PycharmProjects\untitled\venv\Scripts\python.exe C:/Users/LOVE_CHINA/PycharmProjects/untitled/hello.py
success

Process finished with exit code 0
```

图6-3 示例代码运行结果

6.3.4 文件的其他操作

复制文件，可以使用shutil模块的copyfile()函数。
示例代码如下：

```
1.  #导入os模块和shutil模块
2.
3.  import os,shutil
4.
5.
6.  path = "E:\\date.txt"
7.  dst = "E:\\data.txt"
8.
9.
10. try:
11.
12.     shutil.copyfile(path,dst)
13.
14. except Exception as e :
15.
16.     print(e)
17.
```

```
18.        print("fail")
19.
20. else:
21.
22.        print("success")
```

运行结果如图6-4所示。

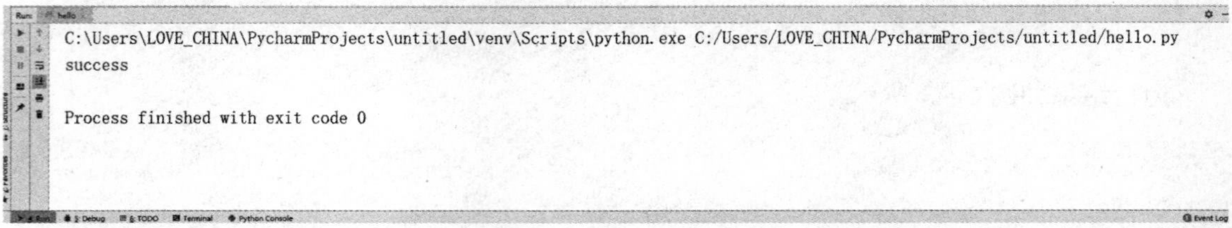

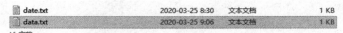

图6-4　示例代码运行结果

实际效果如图6-5所示。

图6-5　实际效果

删除文件，可以使用os模块的remove()函数。
示例代码如下：

```
1.  #导入os模块和shutil模块
2.
3.  import os,shutil
4.   path = "E:\\date.txt"
5.   dst = "E:\\data.txt"
6.   try:
7.       os.remove(path)
8.  except Exception as e :
9.      print(e)
10.     print("fail")
11. else:
12.     print("success"))
```

运行结果：在文件中删除了"date.txt"文件。

本章小结

本章主要介绍了文件的打开、关闭、文件的读取和写入，借助示例让读者更加深入地了解文件的读取和写入的方法及操作。

课后习题

一、填空题

1. Python 语言内置函数 _____ 用来打开或创建文件并返回文件对象。
2. 打开文件模式有 _____、_____、_____ 和 _____。
3. 对文件进行写入操作之后，_____ 函数用来在不关闭文件对象的情况下将缓冲区内容写入文件。
4. 使用上下文管理关键字 _____ 可以自动管理文件对象，不论何种原因结束该关键字中的语句块，都能保证文件被正确关闭。
5. Python 标准库 os 中用来列出指定文件夹中的文件和子文件夹列表的方式是 _____。
6. Python 标准库 os.path 中用来判断指定文件是否存在的方法是 _____。
7. 已知当前文件夹中有纯英文文本文件"readme.txt"，填空完成把"readme.txt"文件中的所有内容复制到"dst.txt"文件中的功能 with open ('readme.txt') as src, open ('dst.txt', _____) as dst：dst.write (src.read ())。

二、选择题

1. Python 语言的文件操作非常简单，可以直接通过内置函数 _____ 打开，然后进行文件的读、写。
   A. create( )　　　B. file( )　　　C. File( )　　　D. open( )
2. 打开一个已有文件，然后在文件末尾添加信息，正确的打开方式为（　　）。
   A. 'r'　　　　　　B. 'w'　　　　　C. 'a'　　　　　D. 'w+'
3. 假设文件不存在，如果使用 open( ) 函数打开文件会报错，那么该文件的打开方式是（　　）。
   A. 'r'　　　　　　B. 'w'　　　　　C. 'a'　　　　　D. 'w+'
4. 假设 file 是文本文件对象，下列用于读取一行内容的是（　　）。
   A. file.read( )　　　　　　　　　　B. file.read（200）
   C. file.readline( )　　　　　　　　D. file.readlines( )
5. 下列函数中，用于向文件中写出内容的是（　　）。
   A. open( )　　　B. write( )　　　C. close( )　　　D. read( )
6. 下列函数中，用于获取当前目录的是（　　）。
   A. open( )　　　B. write( )　　　C. Getcwd( )　　　D. read( )

三、判断题

1. 扩展库 os 中的函数 remove( ) 可以删除带有只读属性的文件。　　　　　　（　　）
2. 使用内置函数 open( ) 且以 'w' 模式打开的文件，文件指针默认指向文件尾。（　　）
3. 使用内置函数 open( ) 打开文件时，只要文件路径正确就总是可以正确打开文件。
   　　　　　　　　　　　　　　　　　　　　　　　　　　　　　　　　　　（　　）
4. 使用 print( ) 函数无法将信息写入文件。　　　　　　　　　　　　　　　（　　）

5. 对文件进行读、写操作之后必须显式关闭文件以确保所有内容都得到保存。（   ）

6. Python 标准库 os 中的函数 startfile( )可以用来打开外部程序或文件，系统会自动关联相应的程序来打开或执行指定的文件。（   ）

7. Python 标准库 os 中的函数 isfile( )可以用来测试给定的路径是否为文件。（   ）

8. Python 标准库 os 中的函数 listdir( )返回包含指定路径中所有文件和文件夹名称的列表。（   ）

9. 标准库 os 的 listdir( )函数默认只能列出指定文件夹中当前层级的文件和文件夹列表，而不能列出其子文件夹中的文件。（   ）

10. 假设已成功导入 os 和 sys 标准库，那么表达式 os.path.dirname（sys.executable）的值为 Python 安装目录。（   ）

四、简答题

1. 简述文本文件和二进制文件的区别。
2. 简述读取文件的几种方法和区别。

五、编程题

1. 编写程序，在 D 盘根目录下创建一个文本文件 "test.txt"，并向其中写入字符串 "hello world"。

2. 在文本编辑器中新建一个文件，写几句话总结所学到的 Python 语言知识，其中每一行都以 "In Python you can" 开头。将这个文件命名为 "learning_python.txt"，并将其存储到为完成本章练习而编写的程序所在的目录中。编写一个程序，读取这个文件，并将所写的内容打印 3 次：第一次打印时读取整个文件；第二次打印时遍历文件对象；第三次打印时将各行存储在一个列表中。

3. 编写一个程序，提示用户输入其名字；用户作出响应后，将其名字写入文件 "guest.txt"。

4. 从键盘输入 3 个学生的信息，包括每个学生的学号、姓名、专业、年级、班级，写入文件，每个学生的信息占一行，各个属性用逗号隔开。写完后文件内容如下：

Bzu001，张三1，软件技术，2017，2
Bzu002，张三2，软件技术，2018，3
Bzu003，张三3，人工智能，2017，2

5. 读取一个文件，显示除了以 "#" 号开头的行以外的所有行。

6. 打开一个英文文本文件，编写程序读取其内容，并把其中的大写字母变成小写字母，将小写字母变成大写字母。

第 7 章 异 常

本章要点

(1) 异常处理；
(2) try 语句；
(3) except 语句。

引言

本章介绍 Python 语言中的异常。异常的种类非常多，本章主要介绍捕获异常的语句。异常处理是编程语言中不可缺少的功能模块，本章力求让读者熟练掌握 Python 语言中的异常处理及其应用。

7.1 Python 语言中的异常

当要读取一个文件，而这个文件却不存在，或在程序执行时，不小心删掉了相关文件，这些问题是程序运行中可能出现的意外情况，对这些意外需要使用异常来处理。异常示意如图 7-1 所示。

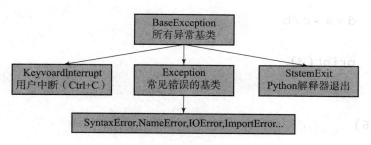

图 7-1 异常示意图

程序编写过程中出现的错误,即异常,会在程序执行过程中发生,影响程序的正常执行。在编写代码时,程序可以检测出某些异常,并对其进行修改。但是,有些异常是在程序运行过程中产生的。这时,Python 语言就会创建一个异常对象,如果程序员处理了该异常,那么程序将继续运行;否则程序将终止执行,并打印一个捕获异常分析,内部包含具体异常报告。

例如,定义一个函数,代码如下:

```
1. def div(a,b,c):
2.
3.     try:
4.
5.         d = a + c/b
6.
7.         print(d)
8.
9.
10. div(3,6,3)
```

输出结果如图 7-2 所示。

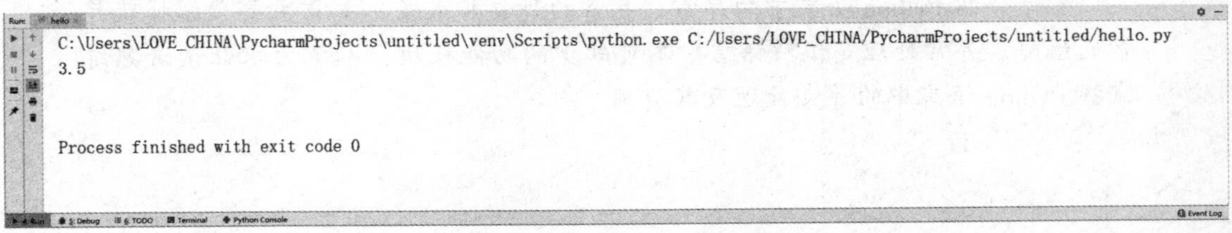

图 7-2 输出结果

当公式中 b 为零时,就会出现异常,示例代码如下:

```
1. def div(a,b,c):
2.
3.     try:
4.
5.         d = a + c/b
6.
7.         print(d)
8.
9.
hello(3,0,6)
```

运行结果如图 7-3 所示。

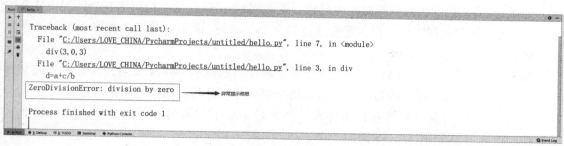

图 7-3　示例代码运行结果

下面详细介绍异常的用法。

7.2　捕捉异常

7.2.1　try…except 语句

如果发现异常可以使用 try…except 语句捕获它，示例代码如下：

```
1.  def hello(a,b):
2.
3.      try:
4.
5.          c = a/b
6.
7.          print(c)
8.
9.      except:
10.
11.         print("分母不能为零")
12.
13.
14. hello(1,0)
```

小提示：try…except 语句的格式如下：
try:
　　语句
except 名字：
　　语法

其实现原理是：开始执行 try 语句后，Python 语言会在当前程序的上下文中作标记，这样当异常出现时就可以回到 try 语句处，先执行 try 语句。接下来执行过程中会发生什么依赖于执行时是否出现异常，情况如下：

如果 try 语句后的代码执行时发生异常,就跳回到 try 语句处并执行第一个匹配该异常的 except 子句,异常处理完毕,控制流就通过整个 try_except 语句(除非在处理异常时又引发新的异常)。

如果在 try 语句后的代码执行发生了异常,却没有匹配的 except 子句,异常将被递交到上层的 try 语句,或者程序的最上层(这样将结束程序,并打印默认的出错信息)。

如果在 try 语句执行时没有发生异常,将执行 else 子句后的语句(如果有 else 的话),然后控制流通过整个 try_except 语句。

7.2.2 多个 except 子句和一个 except 块捕捉多个异常

捕获多个异常有两种方式。

第一种是一个 except 子句捕捉多个异常,不区分优先级,其语法格式如下:

try:
　　语句
except(异常名1,异常名2,...):
　　语句

示例代码如下:

```
1.  def hello():
2.
3.      num = input("请输入一个数字")
4.
5.      try:
6.
7.          n = int(num)
8.
9.          c = 1/n
10.
11.     except (ValueError,ZeroDivisionError):
12.
13.         print("输入错误,请重新输入")
14.
15.
16. hello()
```

第二种是一个 except 块捕捉多个异常,其语法格式如下:

try:
　　语句
except 异常名1:

except 异常名 2：

except 异常名 3：

示例代码如下：

```
1.  def hello():
2.
3.      num = input("请输入一个数字")
4.
5.      try:
6.
7.          n = int(num)
8.
9.          c = 1/n
10.
11.     except ValueError:
12.
13.         print("输入错误,请重新输入")
14.     except ZeroDivisionError:
15.
16.         print("1111111")
17.
18.
19. hello()
```

小提示：该种异常处理语法的规则如下：

执行 try 语句后的代码，如果引发异常，则执行过程会跳到第一个 except 子句。

如果第一个 except 子句中定义的异常与引发的异常匹配，则执行该 except 子句。

如果引发的异常不匹配第一个 except 子句，则会搜索第二个 except 子句，允许编写的 except 子句数量没有限制。

如果所有的 except 子句都与异常不匹配，则异常会被传递到下一个调用本代码的最高层 try 语句中。

上述运行输出结果中，前两段指明了错误的位置，最后一句表示出错误的类型。在 Python 语言中，这种异常还有很多，见表 7-1。

表 7-1 Python 语言常见异常类型

异常类型	含义
AssertionError	当 assert 关键字后的条件为假时，程序运行会停止并抛出 AssertionError 异常
AttributeError	当试图访问的对象属性不存在时会引发此异常
IndexError	索引超出序列范围时会引发此异常

续表

异常类型	含义
KeyError	在字典中查找一个不存在的关键字时会引发此异常
NameError	尝试访问一个未声明的变量时会引发此异常
TypeError	不同类型数据之间的无效操作
ZeroDivisionError	除法运算中除数为 0 时会引发此异常

7.2.3 else 子句

如果判断没有某些异常之后还想进行其他操作，可以使用 else 子句。其语法格式如下：

try：
语句
except 异常名 1：
语句
else：
语句

示例代码如下：

```
1.  def hello():
2.
3.     num = input("请输入一个数字")
4.
5.     try:
6.
7.         n = int(num)
8.
9.         c = 1/n
10.
11.    except (ValueError):
12.
13.        print("输入错误,请重新输入")114.
14.    else:
15.
16.        print("重来一遍")
17.
18. hello()
```

小提示：try 语句中的代码没有异常，被完整地执行完，就执行 else 子句中的代码。

7.2.4　finally 子句

try...finally...语句无论是否发生异常都将执行最后的代码。其语法格式如下：
try：
语句
finally：
语句
示例代码如下：

```
1.  def hello():
2.
3.      num = input("请输入一个数字")：
4.
5.      try:
6.
7.          n = int(num)
8.          c = 1/n
9.      except(ValueError):
10.
11.         print("输入错误,请重新输入")
12.
13.     else:
14.
15.         print("重来一遍")
16.
17.     finally:
18.
19.         print("无论异常与否,都会执行")
20.
21. hello()
```

7.3　上下文管理器和 with 语句

Python 语言中的 with 语句可以帮助人们写一些整洁和可读性高的代码。
它可以简化一些常见的资源管理模式，允许它们被提取和重用。
with 语句用于执行上下文操作，它也是复合语句的一种，其基本语法格式如下：

```
1. with context_expr [as var]:
2.
```

3.
4.
5. with_suite

本章小结

异常是 Python 对象,用来表示一个错误。本章介绍了异常的定义以及多种处理异常的方式,详细讲解了捕获异常的语句,如 try…except 语句。在 except 子句中,如果没有指定异常类,将捕获所有异常。除了 except 子句外,无论是否引发异常都将执行 else 子句和 finally 子句,确保代码块的使用。

 课后习题

一、选择题

1. 出现(　　)时 Python 能正常启动。
   A. 拼写错误　　　　　　　　　　　　B. 错误表达式
   C. 缩进错误　　　　　　　　　　　　D. 手动抛出异常
2. 以下有关异常说法中正确的是(　　)。
   A. 程序中抛出异常终止程序　　　　　B. 程序中抛出异常不一定终止程序
   C. 拼写错误会导致程序终止　　　　　D. 缩进错误会导致程序终止
3. 对以下程序描述错误的是(　　)。

try:
　#语句块 1
except Exception:
　#语句块 2

　A. 该程序对异常进行了处理,因此一定不会终止
　B. 该程序对异常进行了处理,不一定会终止
　C. 语句块 1,如果抛出 Exception 异常,不会因为异常终止程序
　D. 语句块 2 不一定会执行
4. 程序如下:

```
def a():
    try:
        num = int(input("请输入数字:"))
        print("num = :",num)
        print("hello,world")
    except Exception  as e:
```

```
    #报错错误日志
    print("打印异常详情信息：",e)
  else:
    print("没有异常")
  finally:#关闭资源
     print("finally")
     print("end")
  a()
```

输入1的结果是（　　）。

A. num：1

打印异常详情信息：invalid literal for int( ) with base 10：

finally

end

B. 打印异常详情信息：invalid literal for int( ) with base 10：

finally

end

C. hello，world

打印异常详情信息：invalid literal for int( ) with base 10：

finally

end

D. 以上都正确

5. 以下关于try...except语句的描述正确的是（　　）。

A. try...except语句可以捕捉所有类型的异常。

B. 编写程序时应尽可能多地使用try...except语句，以提供更好的用户体验。

C. try...except语句在程序中不可替代。

D. try...except语句通常用于检查用户输入的合法性、文件打开或网络获取的成功性等。

6. 当try语句中没有任何错误信息时，一定不会执行（　　）子句。

A. try　　　　　　B. else　　　　　　C. finaly　　　　　　D. except

7. 在完整的捕捉异常语句中，语句出现的正确顺序是（　　）。

A. try→except→else→finally　　　　　　B. try→else→except→finally

C. try→except→finally→else　　　　　　D. try→else→else→except

8. 以下用于触发异常的是（　　）。

A. try　　　　　　B. catch　　　　　　C. raise　　　　　　D. except

9. 以下关于抛出异常的说法中错误的是（　　）。

A. 当raise语句指定异常的类名时，会隐式地创建异常类的实例

B. 显式地创建异常类实例，可以使用raise语句直接引发

C. 不带参数的 raise 语句，只能引发刚刚发生过的异常
D. 使用 raise 语句抛出异常时，无法指定描述信息

二、填空题

1. Python 语言中所有的异常类都是_____子类。
2. 当使用序列中不存在的_____时，会引发 IndexError 异常。
3. 一个 try 语句只能对应一个_____子句。
4. 当约束条件不满足时，_____语句会触发 AssertionError 异常。
5. 如果在没有_____的 try 语句后使用 else 子句，会引发语法错误。

三、简答题：

1. 简述异常的定义。
2. 简述 try 语句的用法。
3. 编写一个异常处理代码，其中包括 finally 子句。
4. 异常和错误有什么区别？
5. 处理异常有哪些方式？

四、判断题

1. 异常处理结构中的 finally 块中代码仍然有可能出错从而再次引发异常。（   ）
2. 程序中异常处理结构在大多数情况下是没必要的。（   ）
3. 带有 else 子句的异常处理结构，如果不发生异常则执行 else 子句中的代码。（   ）
4. 在异常处理结构中，不论是否发生异常，finally 子句中的代码总是会执行。（   ）
5. 由于异常处理结构 try...except...finally... 中 finally 块总是被执行，所以把关闭文件的代码放到 finally 块里肯定万无一失，一定能保证文件被正确关闭并且不会引发任何异常。（   ）
6. 在 try...except...else 结构中，如果 try 块的语句引发了异常则会执行 else 块中的代码。（   ）
7. 在默认情况下，系统检测到错误后会终止程序。（   ）
8. 在捕捉异常时必须先导入 exceptions 模块。（   ）
9. 一个 try 语句只能对应一个 except 子句。（   ）
10. 如果 except 子句没有指明任何异常类型，则表示捕捉所有的异常。（   ）
11. 无论程序是否捕捉到异常，一定会执行 finally 子句。（   ）
12. 所有的 except 子句一定在 else 和 finally 子句的前面。（   ）

第三部分

Python语言的深入学习

第 8 章
数据处理

本章要点

(1) 用 numpy 模块创建多维数组与生成随机数的方法、数组计算和统计分析中常用函数的基本使用方法;

(2) 用 pandas 模块进行数据处理的相关知识:series 数据结构、dataframe 数据结构、文件操作和字符串处理;

(3) matplotlib 模块中条形图、直方图、折线图、散点图和箱线图的绘制方法与作用。

引言

本章深入浅出地介绍使用 Python 语言进行数据分析时常用的模块,如 numpy、pandas 和 matplotlib。本章主要介绍每个模块的基础内容,包括模块的使用方法、部分常用属性及其在数据分析领域的应用场景。本章力求使读者对 Python 语言在数据处理方面的应用有一个整体的了解,为今后的深入学习打下坚实的基础。

8.1 numpy 模块

numpy 是 Python 语言的一个扩展程序库,是用于数值计算的基础模块。它支持大量的维度数组与矩阵运算,还针对数组运算提供大量的数学函数库,如数组对象(可用来表示矩阵、向量、图像等)和线性代数函数等。

8.1.1 numpy 数组

1. 数组的概念

数组是 numpy 模块中最基本的数据对象,也是一种大容量数据容器。它的强大功能在于人们能像操作标量那样操作数组,这样编出的代码不仅简单易懂,而且基本告别了 for 语句,大大提高了运算速度。数组可以是一维的,也可以是多维的。ndarray 是 numpy 模块提供的一种存储单一数据类型的多维数组,如图 8-1 所示。

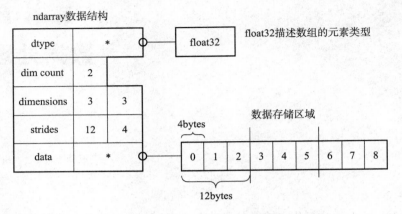

图 8-1 ndarray 数据结构示意

2. 数组的基本属性

在 numpy 模块中,每个线性的数组被称为一个轴(axis),即维度。例如,二维数组相当于两个一维数组,其中第一个一维数组中每个元素又是一个一维数组。因此,一维数组就是 numpy 模块中的轴,第一个轴相当于底层数组,第二个轴就是底层数组里的数组。

数组的维数称为秩(rank),秩是轴的数量,也就是数组的维度,即一维数组的秩为 1,二维数组的秩为 2,依此类推。

数组的基本属性见表 8-1。

表 8-1 数组的基本属性及说明

属性	说明
ndim	表示数组的维数
shape	表示数组的尺寸,位于 n 行 m 列的矩阵,形状为(n, m)
size	表示数组的元素总个数,等于数组形状的乘积,即 shape 中 n*m 的值
dtype	表示数组中元素的类型
itemsize	表示数组中每个元素的大小,以字节为单位

3. 数组的创建

创建数组最简单的方法是使用 array()函数。numpy 模块提供的 array()函数可以创建一维或多维数组,它接收一切序列类型的对象(包括其他数组),然后产生一个新的含有传入数据的 numpy 数组。其基本语法为:

numpy.array(object,dtype = None,copy = True,order =)

使用 numpy 模块中的 array()函数创建一维数组与多维数组的示例代码如下:

```
1.  #导入numpy模块的包
2.
3.
4.  import numpy as a
5.
6.
7.
8.  x = a.array([3,7],dtype = int)
9.
10.
11. print(x)
```

运行结果如图8-2所示。

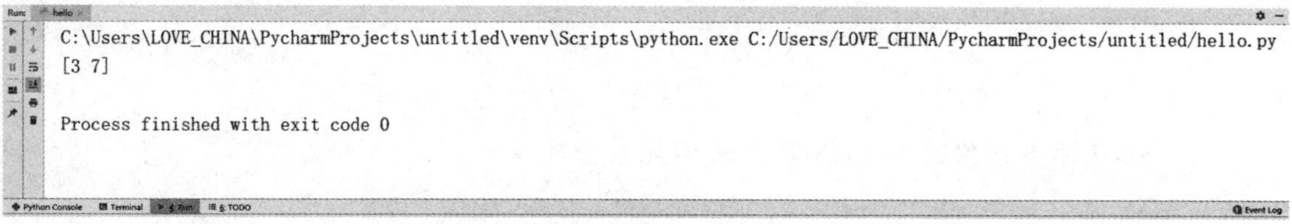

```
C:\Users\LOVE_CHINA\PycharmProjects\untitled\venv\Scripts\python.exe C:/Users/LOVE_CHINA/PycharmProjects/untitled/hello.py
[3 7]

Process finished with exit code 0
```

图8-2 示例代码运行结果

从上面的代码可以看出，在创建数组之前需要先创建一个Python序列，然后再通过array()函数将其转换为数组。除此之外，numpy模块还提供了很多专门用来创建数组的函数，如arange()、linspace()、logspace()、fromstring()等函数。

arange()函数的使用频率非常高，用于创建等差数组，它同Python语言自带的range()函数非常类似。arange()函数通过指定开始值、终值和步长来创建一维数组，示例代码如下：

```
1.  #导入numpy模块的包
2.
3.
4.  import numpy as a
5.
6.
7.  #3表示开始值,10表示终值,1表示步长
8.  x = a.arange(3,10,1)
9.
10.
11. print(x)
```

运行结果如图8-3所示。

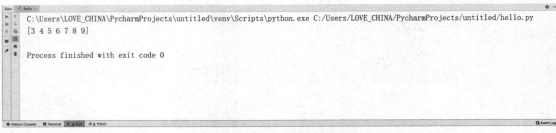

图8-3 示例代码运行结果

linspace()函数通过指定开始值、终值和元素个数来创建一个由等差数列构成的一维数组，这一点要和arange()函数区分开，示例代码如下：

```
1.  #导入numpy模块的包
2.
3.
4.  import numpy as a
5.
6.
7.  #1 表示开始值,3 表示终值,5 表示元素个数
8.  x = a.linspace(1,3,5)
9.
10.
11. print(x)
```

运行结果如图8-4所示。

图8-4 示例代码运行结果

4. 数组的数据类型

numpy模块支持比Python语言更多种类的数据类型，其中部分数据类型对应Python语言内置的数据类型。

表8-2 numpy模块支持的数据类型

名称	描述
bool	用一个字节存储的布尔类型（True或False）
inti	由所在平台决定其大小的整数（一般为int32或int64）

续表

名称	描述
int8	一个字节大小，范围为 -128 ~ 127
int16	整数，范围为 -32 768 ~ 32 767
int32	整数，范围为 $-2^{31} \sim 2^{32} - 1$
int64	整数，范围为 $-2^{63} \sim 2^{63} - 1$
uint8	无符号整数，范围为 0 ~ 255
uint16	无符号整数，范围为 0 ~ 65 535
uint32	无符号整数，范围为 $0 \sim 2^{32} - 1$
uint64	无符号整数，范围为 $0 \sim 2^{64} - 1$
float16	半精度浮点数：16 位，正/负号 1 位，指数 5 位，精度 10 位
float32	单精度浮点数：32 位，正/负号 1 位，指数 8 位，精度 23 位
float64 或 float	双精度浮点数：64 位，正/负号 1 位，指数 11 位，精度 52 位
complex64	复数，分别用两个 32 位浮点数表示实部和虚部
com plexl 28 或 com plex	复数，分别用两个 64 位浮点数表示实部和虚部

8.1.2 numpy 模块常用函数

numpy 模块是 Python 语言中一个与科学计算有关的库，本章介绍一些 numpy 模块常用函数，使用之前需要先引入，输入"import numpy as ny"，即将 numpy 简化为 ny。

（1）numpy.arange(n)：生成 0 ~ n-1 个整数。

示例代码如下：

```
1.  #导入 numpy 模块的包
2.
3.
4.  import numpy as ny
5.
6.
7.  #生成 3 个整数
8.  y = ny.arange(3)
9.
10.
print(x)
```

运行结果如图 8-5 所示。

```
C:\Users\LOVE_CHINA\PycharmProjects\untitled\venv\Scripts\python.exe C:/Users/LOVE_CHINA/PycharmProjects/untitled/hello.py
[0 1 2]

Process finished with exit code 0
```

图8-5 示例代码运行结果

（2）numpy.reshape(m，n)：将a重新定义为一个m行n列的矩阵。
示例代码如下：

```
1.  #导入numpy模块的包
2.
3.
4.  import numpy as ny
5.
6.
7.  #建立一个一维数组矩阵
8.  y = ny.arange(6)
9.
10.
11. #reshape(2,3)中2表示要修改形状的数组,3 如果是整数值,表示一个一维数组
12. #的长度,如果是元组,则表示新数组的行数和列数
13. x = y.reshape(2,3)
14. print(x)
```

运行结果如图8-6所示。

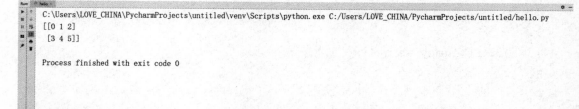

```
C:\Users\LOVE_CHINA\PycharmProjects\untitled\venv\Scripts\python.exe C:/Users/LOVE_CHINA/PycharmProjects/untitled/hello.py
[[0 1 2]
 [3 4 5]]

Process finished with exit code 0
```

图8-6 示例代码运行结果

（3）numpy.shape：打印numpy的行和列。
示例代码如下：

```
1.  #导入numpy模块的包
2.
3.
```

4. import numpy as ny
5.
6.
7. #建立一个一维数组矩阵
8. y = ny.arange(6)
9.
10. #y.shape 为矩阵的长度
print(y.shape)

运行结果如图 8-7 所示。

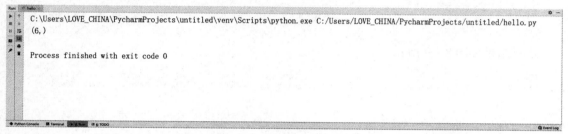

图 8-7 示例代码运行结果

(4) numpy.ndim：求 y 的维度。

示例代码如下：

1. #导入 numpy 模块的包
2.
3.
4. import numpy as ny
5.
6.
7. #建立一个一维数组矩阵
8. y = ny.arange(6)
print(y.ndim)

运行结果如图 8-8 所示。

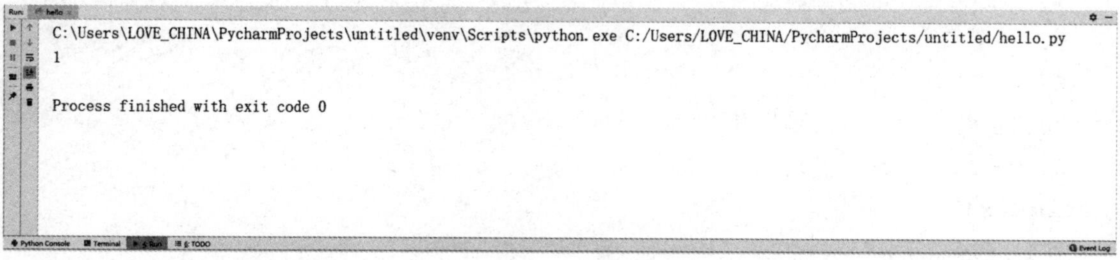

图 8-8 示例代码运行结果

(5) numpy.size：输出 numpy 中的元素个数。

示例代码如下：

```
1. #导入 numpy 模块的包
2.
3.
4. import numpy as ny
5.
6.
7. #输出 y 中的元素个数
8. y = ny.arange(6)
9. print(y.size)
```

运行结果如图 8-9 所示。

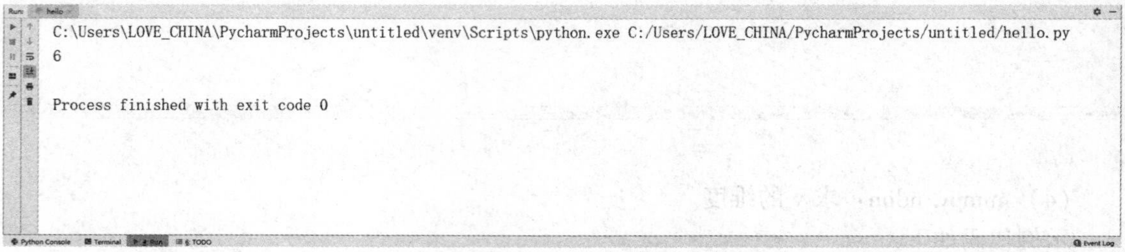

图 8-9　示例代码运行结果

(6) numpy.zeros((m,n))：生成 m 行 n 列的零矩阵，应当注意的是，函数中要传入一个元组。此时生成的零矩阵后面有一个小数点，因为系统默认数据类型为浮点型，要想获得整数类型，应预先指定数据类型。

示例代码如下：

```
#导入 numpy 模块的包

1. #导入 numpy 模块的包
2.
3.
4. import numpy as ny
5.
6.
7. #生成 3 行 4 列的零矩阵
8. x = ny.zeros((3,4))
print(x)
```

运行结果如图 8-10 所示。

```
C:\Users\LOVE_CHINA\PycharmProjects\untitled\venv\Scripts\python.exe C:/Users/LOVE_CHINA/PycharmProjects/untitled/hello.py
[[0. 0. 0. 0.]
 [0. 0. 0. 0.]
 [0. 0. 0. 0.]]

Process finished with exit code 0
```

图 8-10　示例代码运行结果

（7）numpy.ones((k,m,n), dtype=numpy.int32)：生成 k 个 m 行 n 列的单位矩阵，且矩阵中的数据类型为整数型。

示例代码如下：

```
1.import numpy as np
2.print(np.ones((2,4,6)))
```

运行结果如图 8-11 所示。

```
C:\Users\LOVE_CHINA\PycharmProjects\untitled\venv\Scripts\python.exe C:/Users/LOVE_CHINA/PycharmProjects/untitled/hello.py
[[[1. 1. 1. 1. 1. 1.]
  [1. 1. 1. 1. 1. 1.]
  [1. 1. 1. 1. 1. 1.]
  [1. 1. 1. 1. 1. 1.]]

 [[1. 1. 1. 1. 1. 1.]
  [1. 1. 1. 1. 1. 1.]
  [1. 1. 1. 1. 1. 1.]
  [1. 1. 1. 1. 1. 1.]]]

Process finished with exit code 0
```

图 8-11　示例代码运行结果

（8）numpy.arange(m,n,k)：生成 m 到 n 的以 k 为步长切片的数据。

示例代码如下：

```
1.import numpy as np
2.print(np.arange(2,4,1))
```

运行结果如图 8-12 所示。

```
C:\Users\LOVE_CHINA\PycharmProjects\untitled\venv\Scripts\python.exe C:/Users/LOVE_CHINA/PycharmProjects/untitled/hello.py
[2 3]

Process finished with exit code 0
```

图 8-12　示例代码运行结果

（9）numpy.linspace(m,n,k)：在 m 到 n 的数据中按等间距取 k 个值。

示例代码如下：

```
1. import numpy as np
2. print(np.linspace(2,4,1))
```

运行结果如图 8-13 所示。

```
C:\Users\LOVE_CHINA\PycharmProjects\untitled\venv\Scripts\python.exe C:/Users/LOVE_CHINA/PycharmProjects/untitled/hello.py
[2.]

Process finished with exit code 0
```

图 8-13　示例代码运行结果

（10）若 A、B 为同维矩阵，则 A * B 返回的是 A 和 B 矩阵对应位置相乘得到的结果，A.dot(B) 或 numpy.dot(A,B) 返回的才是矩阵乘法所得的结果。

示例代码如下：

```
1. import numpy as np
2. a = [1,2,3]
3. b = [4,5,6]
4. print(np.dot(a,b))
```

运行结果如图 8-14 所示。

```
C:\Users\LOVE_CHINA\PycharmProjects\untitled\venv\Scripts\python.exe C:/Users/LOVE_CHINA/PycharmProjects/untitled/hello.py
32

Process finished with exit code 0
```

图 8-14　示例代码运行结果

（11）numpy.exp(A) 或 numpy.sqrt(B)：分别得到 numpy 的 A 次幂和矩阵 B 中每个数开方所得到的结果。

后者的示例代码如下：

```
1. import numpy as np
2. b = [4,5,6]
3. print(np.sqrt(b))
```

运行结果如图 8-15 所示。

```
C:\Users\LOVE_CHINA\PycharmProjects\untitled\venv\Scripts\python.exe C:/Users/LOVE_CHINA/PycharmProjects/untitled/hello.py
[2.         2.23606798 2.44948974]

Process finished with exit code 0
```

图 8-15　示例代码运行结果

（12）numpy.floor()：向下取整。

示例代码如下：

```
1. import numpy as np
2. b = [4,5.3,6.7]
3. print(np.floor(b))
```

运行结果如图 8 – 16 所示。

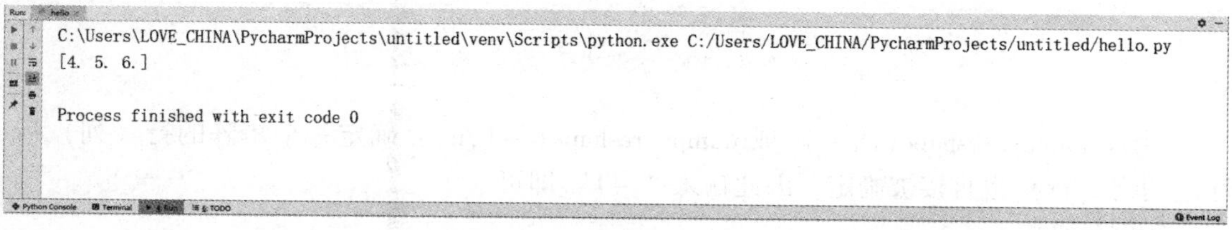

图 8 – 16　示例代码运行结果

（13）numpy.ravel()：将矩阵 numpy 重新拉伸成一个向量，拉伸后可以重新定义成一个新矩阵。

示例代码如下：

```
1. import numpy as np
2. arry = np.arange(8).reshape(2,4)
3. print(arry)
4. print(arry.ravel())
```

运行结果如图 8 – 17 所示。

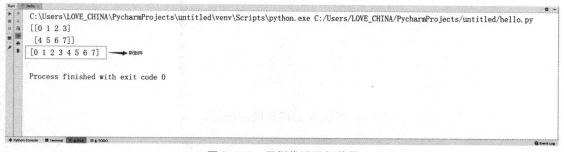

图 8 – 17　示例代码运行结果

（14）numpy.T：求 numpy 的转置矩阵。

示例代码如下：

```
1. import numpy as np
2. arry = np.arange(8).reshape(2,4)
3. print(arry)
4. print(arry.T)
```

运行结果如图 8 – 18 所示。

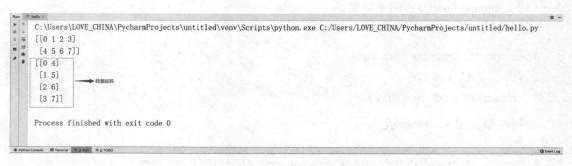

图8-18 示例代码运行结果

（15）numpy.reshape(n,-1)或numpy.reshape(-1,n)：确定一个矩阵的行（列）后，相应的列（行）也直接被确定，因此输入"-1"即可。

示例代码如下：

```
1. import numpy as np
2. arry = np.arange(8).reshape(2,4)
3. print(arry)
4. print(arry.reshape(4,-1))
```

运行结果如图8-19所示。

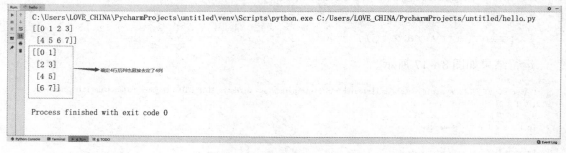

图8-19 示例代码运行结果

（16）numpy.hstack((a,b))：将矩阵a和b横向拼接。

示例代码如下：

```
1. import numpy as np
2. a = [[1,2],[3,4]]
3. b = [[1,2,3],[4,5,6]]
4. print(np.hstack((a,b)))
```

运行结果如图8-20所示。

（17）numpy.vstack((a,b))：将矩阵a和b纵向拼接。

示例代码如下：

```
C:\Users\LOVE_CHINA\PycharmProjects\untitled\venv\Scripts\python.exe C:/Users/LOVE_CHINA/PycharmProjects/untitled/hello.py
[[1 2 1 2 3]
 [3 4 4 5 6]]

Process finished with exit code 0
```

图 8-20　示例代码运行结果

```
1. import numpy as np
2. a=[[1,2],[3,4]]
3. b=[[2,3],[4,5]]
4. print(np.vstack((a,b)))
```

运行结果如图 8-21 所示。

```
C:\Users\LOVE_CHINA\PycharmProjects\untitled\venv\Scripts\python.exe C:/Users/LOVE_CHINA/PycharmProjects/untitled/hello.py
[[1 2]
 [3 4]
 [2 3]
 [4 5]]

Process finished with exit code 0
```

图 8-21　示例代码运行结果

（18）numpy.hsplit(a,n)：将矩阵 numpy 横向切为 n 份。
示例代码如下：

```
1. import numpy as np
2. a=np.arange(8).reshape(2,4)
3. print(np.hsplit(a,2))
```

运行结果如图 8-22 所示。

```
C:\Users\LOVE_CHINA\PycharmProjects\untitled\venv\Scripts\python.exe C:/Users/LOVE_CHINA/PycharmProjects/untitled/hello.py
[array([[0, 1],
       [4, 5]]), array([[2, 3],
       [6, 7]])]

Process finished with exit code 0
```

图 8-22　示例代码运行结果

(19) numpy.hsplit(a,(m,n)): 在 numpy 的索引为 m 和 n 的空隙横向切开。

示例代码如下:

```
1. import numpy as np
2. a = np.arange(8).reshape(2,4)
3. print(np.hsplit(a,(2,4)))
```

运行结果如图 8-23 所示。

```
C:\Users\LOVE_CHINA\PycharmProjects\untitled\venv\Scripts\python.exe C:/Users/LOVE_CHINA/PycharmProjects/untitled/hello.py
[array([[0, 1],
       [4, 5]]), array([[2, 3],
       [6, 7]]), array([], shape=(2, 0), dtype=int32)]

Process finished with exit code 0
```

图 8-23 示例代码运行结果

8.1.3 numpy 模块元素获取

1. 元素的计算函数

1) 将小数的元素变成整数

ceil(): 向上最接近的整数,参数是 number 或 array;

floor(): 向下最接近的整数,参数是 number 或 array;

rint(): 四舍五入,参数是 number 或 array。

2) 判断元素是不是 NaN

isnan(): 判断元素是否为 NaN（Not a Number）,参数是 number 或 array。

3) 元素的数学运算

multiply(): 元素相乘,参数是 number 或 array;

divide(): 元素相除,参数是 number 或 array;

abs(): 元素的绝对值,参数是 number 或 array。

4) 三元运算符

where(condition,x,y): 三元运算符,意为 x if condition else y。

示例代码如下:

```
1. import numpy as np
2. # randn()返回具有标准正态分布的序列。
3.     arr = np.random.randn(2,4)
4.
5.     print(arr)
```

```
6.
7.     print(np.ceil(arr))
8.
9.     print(np.floor(arr))
10.
11.    print(np.rint(arr))
12.
13.    print(np.isnan(arr))
14.
15.    print(np.multiply(arr,arr))
16.
17.    print(np.divide(arr,arr))
18.
19.    print(np.where(arr >0,1,-1))
```

运行结果如图 8-24 所示。

```
C:\Users\LOVE_CHINA\PycharmProjects\untitled\venv\Scripts\python.exe C:/Users/LOVE_CHINA/PycharmProjects/untitled/hello.py
[[-0.18421791  0.92962716 -1.17183632  2.19112077]
 [-2.89399536  0.33740049  0.86321059 -0.23562115]]
[[-0.  1. -1.  3.]
 [-2.  1.  1. -0.]]
[[-1.  0. -2.  2.]
 [-3.  0.  0. -1.]]
[[-0.  1. -1.  2.]
 [-3.  0.  1. -0.]]
[[False False False False]
 [False False False False]]
[[0.03393624 0.86420665 1.37320035 4.80101023]
 [8.37520914 0.11383909 0.74513252 0.05551732]]
[[1. 1. 1. 1.]
 [1. 1. 1. 1.]]
[[-1  1 -1  1]
 [-1  1  1 -1]]

Process finished with exit code 0
```

图 8-24 示例代码运行结果

2. 元素的统计函数

（1）np.mean()，np.sum()：分别求所有元素的平均值和所有元素的和，参数是 number 或 array。

（2）np.max()，np.min()：分别求所有元素的最大值和所有元素的最小值，参数是 number 或 array。

（3）np.std()，np.var()：分别求所有元素的标准差和所有元素的方差，参数是 number 或 array。

(4) np. argmax( ), np. argmin( ): 分别求最大值的下标索引值和最小值的下标索引值,参数是 number 或 array。

(5) np. cumsum( ), np. cumprod( ): 返回一个一维数组,每个元素分别是之前所有元素的累加和和累乘积,参数是 number 或 array。

(6) 多维数组默认统计全部维度, axis 参数可以按指定轴心统计, 值为 0 则按列统计, 值为 1 则按行统计。

示例代码如下:

```
1.  import numpy as np
2.  arr = np.arange(6).reshape(3,2)
3.  print(arr)
4.
5.  print(np.cumsum(arr))  # 返回一个一维数组,每个元素都是之前所有元素的累加和
6.
7.  print(np.sum(arr))  # 所有元素的和
8.
9.  print(np.sum(arr,axis = 0))  # 数组的按列统计和
10.
11. print(np.sum(arr,axis = 1))  # 数组的按行统计和
```

运行结果如图 8 - 25 所示。

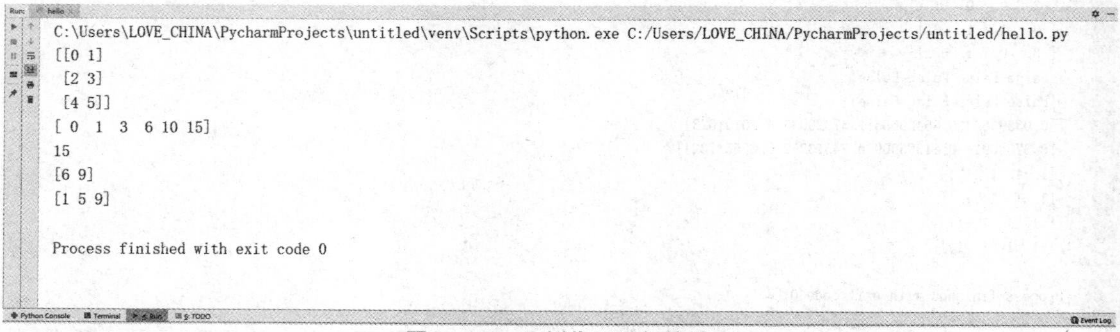

图 8 - 25 示例代码运行结果

(7) np. any( )

np. all( ): 所有的元素满足指定条件, 返回 True。

示例代码如下:

```
1.  import numpy as np
2.  arr = np.random.randn(3,6)
3.  print(arr)
4.
```

```
5. print(np.any(arr>0))
6. print(np.all(arr>0))
```

运行结果如图 8-26 所示。

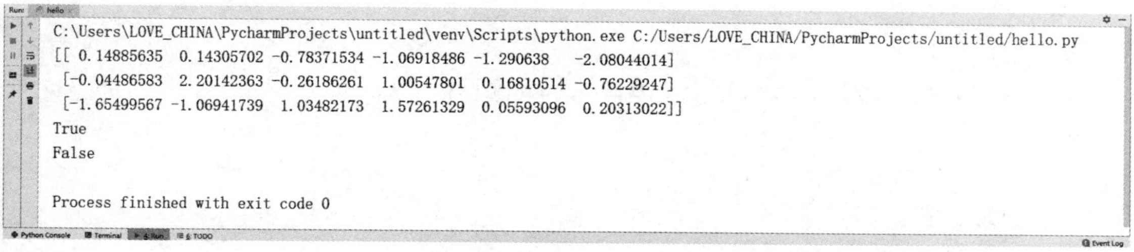

```
C:\Users\LOVE_CHINA\PycharmProjects\untitled\venv\Scripts\python.exe C:/Users/LOVE_CHINA/PycharmProjects/untitled/hello.py
[[ 0.14885635  0.14305702 -0.78371534 -1.06918486 -1.290638   -2.08044014]
 [-0.04486583  2.20142363 -0.26186261  1.00547801  0.16810514 -0.76229247]
 [-1.65499567 -1.06941739  1.03482173  1.57261329  0.05593096  0.20313022]]
True
False

Process finished with exit code 0
```

图 8-26 示例代码运行结果

3. 元素去重排序函数

np. unique()：找到唯一值并返回排序结果，类似于 Python 语言的 set 集合。

示例代码如下：

```
1. import numpy as np
2. arr = np.array([[1,2,6],[2,6,8]])
3. print(arr)
4.
5. print(np.unique(arr))
```

运行结果如图 8-27 所示。

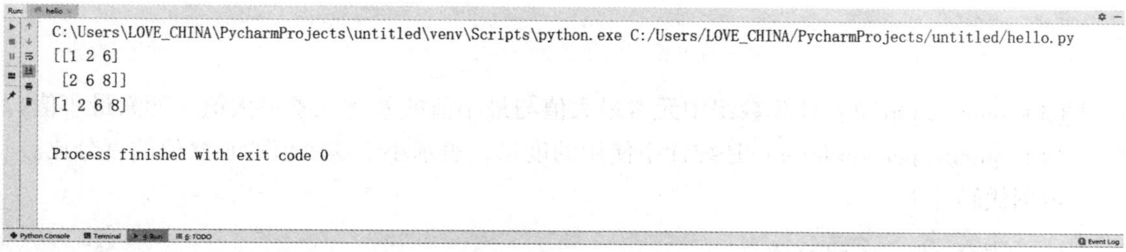

```
C:\Users\LOVE_CHINA\PycharmProjects\untitled\venv\Scripts\python.exe C:/Users/LOVE_CHINA/PycharmProjects/untitled/hello.py
[[1 2 6]
 [2 6 8]]
[1 2 6 8]

Process finished with exit code 0
```

图 8-27 示例代码运行结果

8.1.4　numpy 模块统计函数与线性代数运算

numpy 模块提供了很多统计函数，用于从数组中查找最小元素、最大元素、百分位标准差和方差等。

（1）numpy. amin()：计算数组中的元素沿指定轴的最小值。

（2）numpy. amax()：计算数组中的元素沿指定轴的最大值。

示例代码如下：

```
1.  #导入 numpy 模块的包
2.
3.
4.  import numpy as a
5.
6.
7.  x = a.array([[1,2,3],[7,8,9],[10,11,6]])
8.
9.
10. #最小值
11. print(a.amin(x))
12.
13.
14. #最大值
15. print(a.amax(x))
```

运行结果如图 8-28 所示。

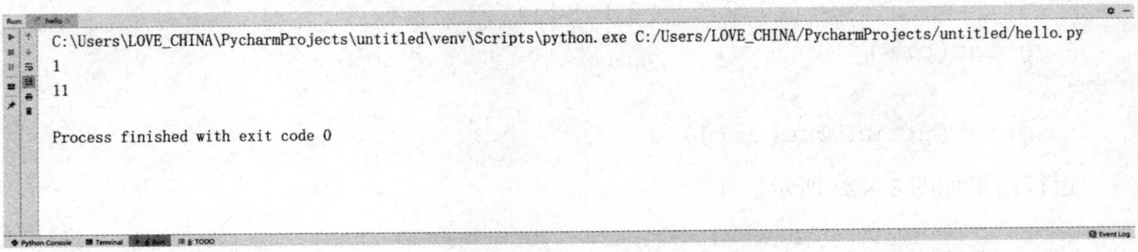

```
C:\Users\LOVE_CHINA\PycharmProjects\untitled\venv\Scripts\python.exe C:/Users/LOVE_CHINA/PycharmProjects/untitled/hello.py
1
11

Process finished with exit code 0
```

图 8-28 示例代码运行结果

（3）numpy.ptp()：计算数组中元素最大值与最小值的差（元素最大值 - 元素最小值）。

（4）numpy.percentile()：是统计中使用的度量，表示小于这个值的观察值的百分比。

示例代码如下：

```
1.  #导入 numpy 模块的包
2.
3.
4.  import numpy as a
5.
6.
7.  x = a.array([[1,2,3],[7,8,9],[10,11,6]])
8.
9.
10. #元素最大值与元素最小值的差
```

```
11. print(a.ptp(x))
12.
13.
14. #percentile 表示百分位数,x 表示输入的数组,50 表示要计算的百分数,在 0
    到 100 之间
15. #axis 表示百分数的轴
16. print(a.percentile(x,50,axis =0))
```

运行结果如图 8-29 所示。

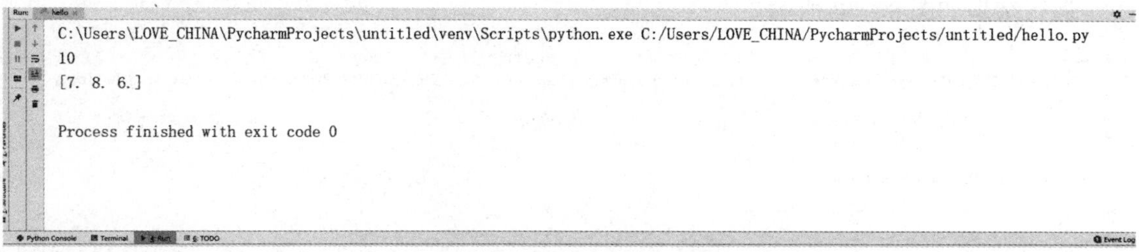

```
C:\Users\LOVE_CHINA\PycharmProjects\untitled\venv\Scripts\python.exe C:/Users/LOVE_CHINA/PycharmProjects/untitled/hello.py
10
[7. 8. 6.]

Process finished with exit code 0
```

图 8-29　示例代码运行结果

（5）numpy.median()：计算数组中元素的中位数（中值）。

示例代码如下：

```
1. #导入 numpy 模块的包
2.
3.
4. import numpy as ny
5.
6.
7. x = ny.array([[1,2,3],[7,8,9],[10,11,6]])
8.
9.
10.
11. print(ny.median(x))
12. print(ny.mean(x))
```

（6）numpy.mean()：返回数组中元素的算术平均值，如果提供了轴，则沿其计算。

示例代码如下：

```
1. #导入 numpy 模块的包
2.
3.
4. import numpy as ny
```

```
5. 
6. 
7. x = ny.array([[1,2,3],[7,8,9],[10,11,6]])
8. 
9. 
10. 
11. print(ny.median(x))
12. print(ny.mean(x))
```

运行结果如图 8-30 所示。

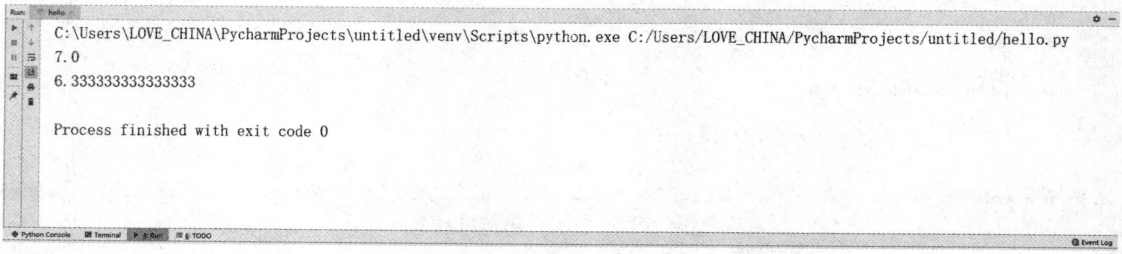

```
C:\Users\LOVE_CHINA\PycharmProjects\untitled\venv\Scripts\python.exe C:\Users/LOVE_CHINA/PycharmProjects/untitled/hello.py
7.0
6.333333333333333

Process finished with exit code 0
```

图 8-30　示例代码运行结果

（7） numpy.average()：根据在另一个数组中给出的各自的权重计算数组中元素的加权平均值。

示例代码如下：

```
1. #导入 numpy 模块的包
2. 
3. 
4. import numpy as ny
5. 
6. 
7. x = ny.array([[1,2,3],[7,8,9],[10,11,6]])
8. 
9. 
10. 
11. print(ny.average(x))
12. print(ny.var(x))
```

统计中的方差（样本方差）是每个样本值与全体样本值的平均数之差的平方值的平均数，即 mean((x - x.mean()) ** 2)。

换句话说，标准差是方差的平方根。

示例代码如下：

```
1.  #导入numpy模块的包
2.
3.
4.  import numpy as ny
5.
6.
7.  x = ny.array([[1,2,3],[7,8,9],[10,11,6]])
8.
9.
10.
11. print(ny.average(x))
12. print(ny.var(x))
```

运行结果如图 8-31 所示。

```
C:\Users\LOVE_CHINA\PycharmProjects\untitled\venv\Scripts\python.exe C:/Users/LOVE_CHINA/PycharmProjects/untitled/hello.py
6.333333333333333
11.555555555555555

Process finished with exit code 0
```

图 8-31　示例代码运行结果

（8）线性代数（如矩阵乘法、矩阵分解，行列式以及其他方阵的数学运算等）是任何数组库的重要组成部分。不像某些语言（如 MATLAB），两个二维数组通过"＊"相乘得到的是一个元素级的积，而不是一个矩阵点积。因此，numpy 模块提供了一个用于矩阵乘法的 dot( ) 函数（既是一个数组方法，也是 numpy 模块命名空间中的一个函数）。

示例代码如下：

```
1.  #导入numpy模块和numpy.linalg模块的包
2.
3.
4.  import numpy as ny
5.
6.
7.  x = ny.array([[1,2,3],[7,8,9]])
8.
9.  y = ny.array([[1,2],[-1,8],[-5,-8]])
10.
11.
```

```
12.
13. #x.dot(y)表示 x 矩阵乘以 y 矩阵
14. print(x.dot(y))
```

运行结果如图 8-32 所示。

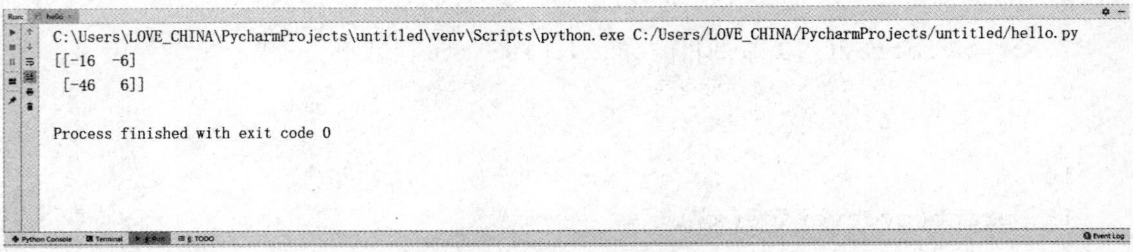

```
C:\Users\LOVE_CHINA\PycharmProjects\untitled\venv\Scripts\python.exe C:/Users/LOVE_CHINA/PycharmProjects/untitled/hello.py
[[-16  -6]
 [-46   6]]

Process finished with exit code 0
```

图 8-32　示例代码运行结果

numpy.linalg 模块中有一组标准的矩阵分解运算以及诸如求逆和行列式之类的函数。示例代码如下：

```
1.  #导入 numpy 模块和 numpy.linalg 模块的包
2.
3.
4.  import numpy as ny
5.  from numpy.linalg import det
6.
7.  x = ny.array([[1,0],[-1,2]])
8.
9.  c = det(x)
10.
11. print(c)
```

运行结果如图 8-33 所示。

```
C:\Users\LOVE_CHINA\PycharmProjects\untitled\venv\Scripts\python.exe C:/Users/LOVE_CHINA/PycharmProjects/untitled/hello.py
2.0

Process finished with exit code 0
```

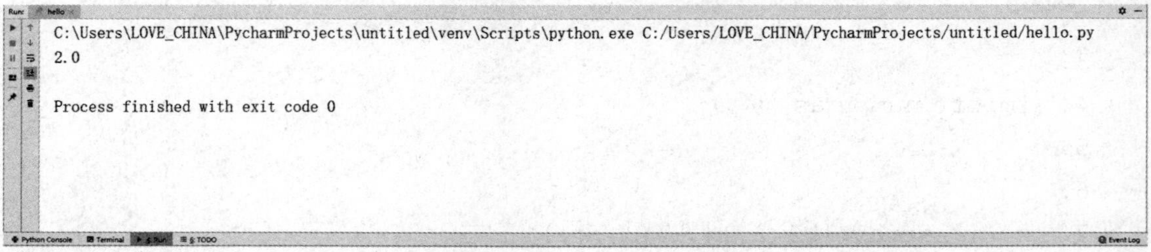

图 8-33　示例代码运行结果

(9) inv( )：求逆矩阵。
示例代码如下：

```
1.  #导入numpy模块和numpy.linalg模块的包
2.
3.
4.  import numpy as ny
5.  from numpy.linalg import inv
6.
7.  x = ny.array([[1,0],[-1,2]])
8.
9.  c = inv(x)
10.
11. print(c)
```

运行结果如图8-34所示。

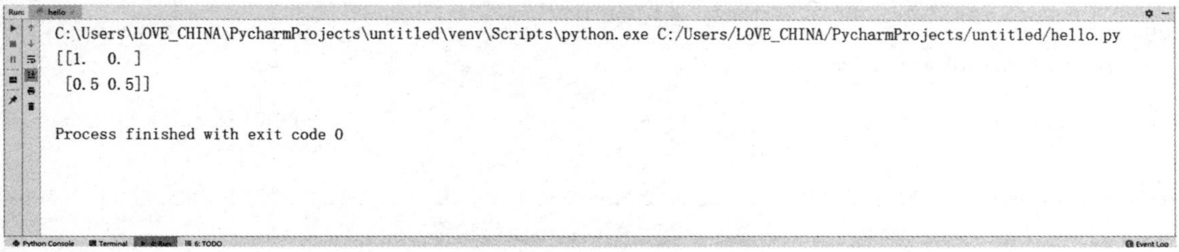

```
C:\Users\LOVE_CHINA\PycharmProjects\untitled\venv\Scripts\python.exe C:/Users/LOVE_CHINA/PycharmProjects/untitled/hello.py
[[1.  0. ]
 [0.5 0.5]]

Process finished with exit code 0
```

图8-34 示例代码运行结果

8.1.5 numpy模块随机数的生产

numpy模块随机数分为4个部分，对应4种功能：

(1) 简单随机数：产生简单的随机数据，可以是任何维度。
(2) 排列：将所给对象随机排列。
(3) 分布：产生指定分布的数据，如高斯分布等。
(4) 生成器：种随机数种子，根据同一种子产生的随机数是相同的。

1. 生成器

numpy.random设置种子的方法见表8-3。

表8-3 numpy.random设置种子的方法

函数名称	函数功能	参数说明
RandomState	定义种子类	RandomState是一个种子类，提供了各种种子方法，最常用的是seed()
seed([seed])	定义全局种子	参数为整数或者矩阵

示例代码如下：

```
1.  #导入numpy模块的包
2.
3.  import numpy as py
4.
5.
6.  py.random.seed(3)
7.
8.
9.
10. print(py.random.randn(1,5))
```

运行结果如图8-35所示。

```
C:\Users\LOVE_CHINA\PycharmProjects\untitled\venv\Scripts\python.exe C:/Users/LOVE_CHINA/PycharmProjects/untitled/hello.py
[[ 1.78862847  0.43650985  0.09649747 -1.8634927  -0.2773882 ]]

Process finished with exit code 0
```

图8-35 示例代码运行结果

2. 简单随机数

简单随机数函数见表8-4。

表8-4 简单随机数函数

函数名称	函数功能	参数说明
rand(d0,d1,…,dn)	产生均匀分布的随机数	dn为第n维数据的维度
randn(d0,d1,…,dn)	产生标准正态分布随机数	dn为第n维数据的维度
randint(low[,high,size,dtype])	产生随机整数	low：最小值；high：最大值；size：数据个数
random_sample([size])	在[0,1)内产生随机数	size：随机数的形状，可以为元祖或者列表，[2,3]表示2维随机数，维度为(2,3)
random([size])	同random_sample([size])	同random_sample([size])
ranf([size])	同random_sample([size])	同random_sample([size])
sample([size]))	同random_sample([size])	同random_sample([size])

续表

函数名称	函数功能	参数说明
choice(a[,size,replace,p])	从 a 中随机选择指定数据	a 为 1 维数组；size：返回数据形状
bytes(length)	返回随机位	length：位的长度

示例代码如下：

```
1. #导入 numpy 模块的包
2.
3. import numpy as ny
4.
5.
6.
7. #产生 2 行 5 列均匀分布随机数
8. print(ny.random.rand(2,5))
```

运行结果如图 8-36 所示。

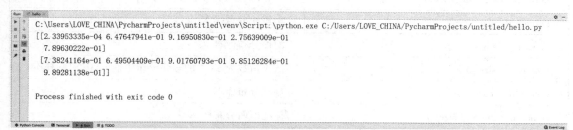

图 8-36 示例代码运行结果

3. 分布

常用分布函数见表 8-5。

表 8-5 常用分布函数

函数名称	函数功能
beta(a,b[,size])	贝塔分布样本,在 [0,1] 内
binomial(n,p[,size])	二项分布样本
chisquare(df[,size])	卡方分布样本
dirichlet(alpha[,size])	狄利克雷分布样本
exponential([scale,size])	指数分布样本
f(dfnum,dfden[,size])	F 分布样本
gamma(shape[,scale,size])	伽马分布样本

续表

函数名称	函数功能
geometric(p[,size])	几何分布样本
gumbel([loc,scale,size])	耿贝尔分布样本
hypergeometric(ngood,nbad,nsample[,size])	超几何分布样本
laplace([loc,scale,size])	拉普拉斯或双指数分布样本
logistic([loc,scale,size])	Logistic 分布样本
lognormal([mean,sigma,size])	对数正态分布样本
logseries(p[,size])	对数级数分布样本
multinomial(n,pvals[,size])	多项分布样本
multivariate_normal(mean,cov[,size])	多元正态分布样本
negative_binomial(n,p[,size])	负二项分布
noncentral_chisquare(df,nonc[,size])	非中心卡方分布样本
noncentral_f(dfnum,dfden,nonc[,size])	非中心 F 分布样本
normal([loc,scale,size])	正态(高斯)分布样本
pareto(a[,size])	帕累托分布样本
poisson([lam,size])	泊松分布样本
power(a[,size])	从正指数为 a−1 的幂律分布中抽取[0,1]的样本
rayleigh([scale,size])	瑞利分布样本
standard_cauchy([size])	标准柯西分布样本
standard_exponential([size])	标准指数分布样本
standard_gamma(shape[,size])	标准伽马分布样本
standard_normal([size])	标准正态分布样本(mean=0,stdev=1)
standard_t(df[,size])	自由度为 df 的标准 t 分布样本
triangular(left,mode,right[,size])	三角形分布样本
uniform([low,high,size])	均匀分布样本
vonmises(mu,kappa[,size])	冯·米塞斯分布样本
wald(mean,scale[,size])	瓦尔德(逆高斯)分布样本
weibull(a[,size])	韦布尔分布样本

例 8−1 二项分布。

在 n 次独立重复试验中,设事件 A 发生的次数为 X,在每次试验中事件 A 发生的概率为 p,则事件 A 恰好发生 k 次的概率为

$$P(X=k) = p^k(1-p)^{n-k}, \quad k=0,1,2,\cdots,n$$

则称随机变量 X 服从二项分布。

代码如下：

```
1.  import numpy as np
2.  import matplotlib.pyplot as plt
3.
4.  cash = np.zeros(100) # 生成100个0的数组
5.  cash[0] = 100 # 数组的第一个元素设置为100
6.  outcome = np.random.binomial(9,0.5,size = len(cash))
7.  #生成一个随机数组,每次抛9个硬币,每次结果正、反面的概率均为1/2,数组长100
8.
9.  for i in range(1,len(cash)):
10.     if outcome[i] < 5:
11.         cash[i] = cash[i-1] - 1
12.     elif outcome[i] < 10:
13.         cash[i] = cash[i-1] + 1
14.     else:
15.         raise AssertionError("Unexpected outcome" + outcome)
16. print(outcome.min(),outcome.max())
17.
18. plt.plot(np.arange(len(cash)),cash)
19. plt.show()
20.
```

运行结果如图 8-37 所示。

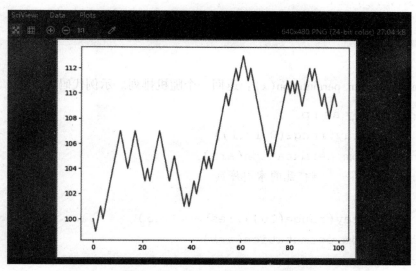

图 8-37　例 8-1 代码运行结果

4. 排列

常用排列函数见表 8-6。

表 8-6 常用排列函数

函数名称	函数功能	参数说明
shuffle(x)	打乱对象 x（多维矩阵按照第一维打乱）	矩阵或者列表
permutation(x)	打乱并返回该对象（多维矩阵按照第一维打乱）	整数或者矩阵

（1）numpy.random.shuffle(x)：修改本身，打乱顺序。示例代码如下：

```
1. import numpy as np
2. arr = np.array(range(0,10,1))
3. np.random.shuffle(arr)
4. print(arr)   #打乱顺序后的数组，如[0,1,2,3,4,5,6,7,8,9]
5.
6. arr = np.array(range(10)).reshape(2,5)
7. np.random.shuffle(arr)
8. print(arr)
```

运行结果如图 8-38 所示。

```
C:\Users\LOVE_CHINA\PycharmProjects\untitled\venv\Scripts\python.exe C:/Users/LOVE_CHINA/PycharmProjects/untitled/hello.py
[9 4 1 5 2 3 0 7 8 6]
[[5 6 7 8 9]
 [0 1 2 3 4]]

Process finished with exit code 0
```

图 8-38 示例代码运行结果

（2）numpy.random.permutation(x)：返回一个随机排列。示例代码如下：

```
1. import numpy as np
2. arr = np.array(range(0,10,1))
3. r = np.random.permutation(arr)
4. print(r)           #打乱的索引序列
5.
6. arr = np.array(range(10)).reshape(2,5)
7. r = np.random.permutation(arr)
8. print(arr)
9.
```

运行结果如图 8-39 所示。

```
C:\Users\LOVE_CHINA\PycharmProjects\untitled\venv\Scripts\python.exe C:/Users/LOVE_CHINA/PycharmProjects/untitled/hello.py
[1 3 7 6 0 9 8 5 2 4]
[[0 1 2 3 4]
 [5 6 7 8 9]]

Process finished with exit code 0
```

图 8-39　示例代码运行结果

8.2　pandas 模块

pandas 模块是基于 numpy 模块的一种工具，该工具是为了解决数据分析任务而创建的。pandas 模块纳入了大量库和一些标准的数据模型，提供了高效地操作大型数据集所需的工具。pandas 模块提供了大量快速便捷地处理数据的函数和方法。它是使 Python 成为强大而高效的数据分析环境的重要因素之一。

8.2.1　series 数据结构

一个 series 是一个一维的数据类型，其中每个元素都有一个标签。类似于 numpy 模块中元素带标签的数组。其中，标签可以是数字或者字符串。

1. 通过一维数组创建

示例代码如下：

```
1.  #导入 numpy 模块和 pandas 模块的包
2.
3.  import numpy as a
4.  import pandas as pan
5.
6.
7.  #通过 numpy 生成一维数组
8.  x = a.arry([1,2,3,4])
9.
10. print(pan.series(x))
11.
12.
13. #直接赋值一维数组,索引默认从 0 开始
14. print(pan.series(data = [1,2,3],dtype = a.int))
```

```
15.
16.
17.
18. #直接赋值一维数组,索引为 china,UK,USA
19. print(pan.series(data = [1,2,3],index = ['china','UK','USA'],dtype = a.int))
```

运行结果如图 8-40 所示。

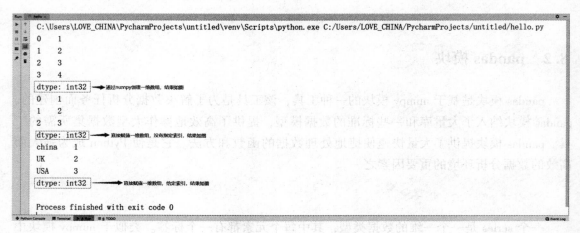

图 8-40 示例代码运行结果

2. 通过字典的方式创建

示例代码如下:

```
1. #导入 numpy 模块和 pandas 模块的包
2.
3. import numpy as a
4. import pandas as pan
5.
6.
7. x = {'China':10,'UK':20,'USA':30}
8.
9.
10. print(pan.series(x,dtype = int))
```

运行结果如图 8-41 所示。

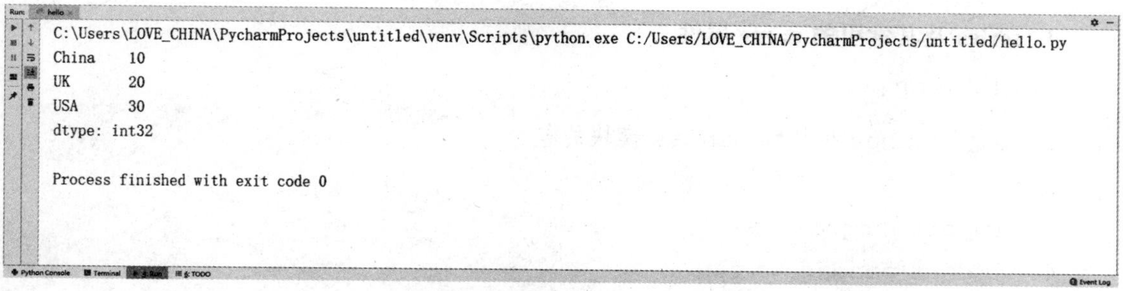

```
C:\Users\LOVE_CHINA\PycharmProjects\untitled\venv\Scripts\python.exe C:/Users/LOVE_CHINA/PycharmProjects/untitled/hello.py
China    10
UK       20
USA      30
dtype: int32

Process finished with exit code 0
```

图 8-41　示例代码运行结果

3. series 属性的获取

示例代码如下：

```
1.  #导入 numpy 模块和 pandas 模块的包
2.
3.  import numpy as a
4.  import pandas as pan
5.
6.
7.  x = {'China':10,'UK':20,'USA':30}
8.
9.
10. y = pan.series(x,dtype = int)
11.
12.
13. print(y.index)
14.
15. print(y.dtype)
16.
17.
18. print(y.values)
```

运行结果如图 8-42 所示。

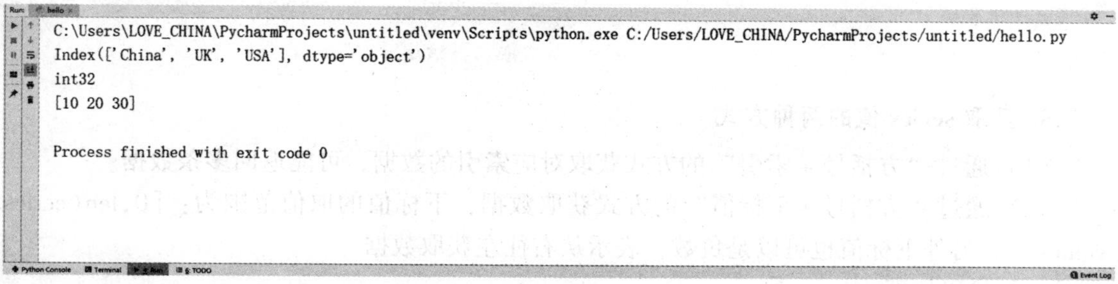

```
C:\Users\LOVE_CHINA\PycharmProjects\untitled\venv\Scripts\python.exe C:/Users/LOVE_CHINA/PycharmProjects/untitled/hello.py
Index(['China', 'UK', 'USA'], dtype='object')
int32
[10 20 30]

Process finished with exit code 0
```

图 8-42　示例代码运行结果

4. series 及其索引的 name 属性

示例代码如下：

```
1.  #导入numpy模块和pandas模块的包
2.
3.  import numpy as a
4.  import pandas as pan
5.
6.
7.  x = {'China':10,'UK':20,'USA':30}
8.
9.
10. y = pan.series(x,dtype = int)
11.
12.
13. y.name = '40'
14.
15. y.index.name = "Canada"
16.
17.
print(y)
```

运行结果如图 8-43 所示。

```
C:\Users\LOVE_CHINA\PycharmProjects\untitled\venv\Scripts\python.exe C:/Users/LOVE_CHINA/PycharmProjects/untitled/hello.py
Canada
China    10
UK       20
USA      30
Name: 40, dtype: int32

Process finished with exit code 0
```

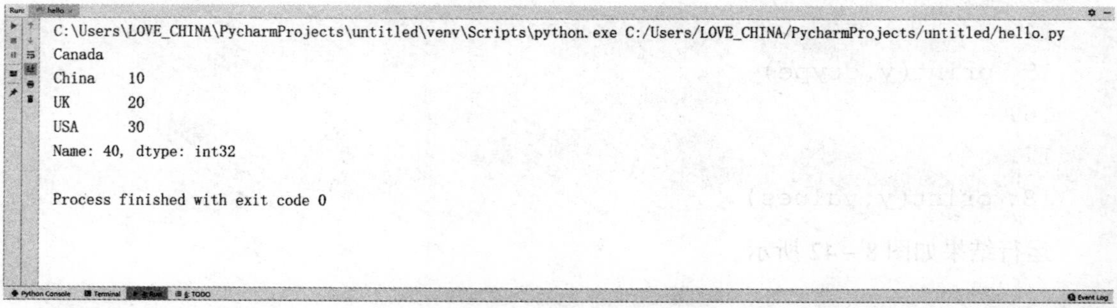

图 8-43 示例代码运行结果

5. 获取 series 值的两种方式

(1) 通过"方括号 + 索引"的方式获取对应索引的数据，可能返回多条数据。

(2) 通过"方括号 + 下标值"的方式获取数据，下标值的取值范围为：[0, len(series.values))；另外下标值也可以是负数，表示从右往左获取数据。

示例代码如下：

```
1.  #导入numpy模块和pandas模块的包
2.
3.  import numpy as a
4.  import pandas as pan
5.
6.
7.  x = {'China':10,'UK':20,'USA':30}
8.
9.
10. y = pan.series(x,dtype = int)
11.
12.
13. print(y['China':'UK'])
14.
15.
16. print(y[0:2])
```

运行结果如图 8-44 所示。

```
C:\Users\LOVE_CHINA\PycharmProjects\untitled\venv\Scripts\python.exe C:/Users/LOVE_CHINA/PycharmProjects/untitled/hello.py
China    10
UK       20
dtype: int32
China    10
UK       20
dtype: int32

Process finished with exit code 0
```

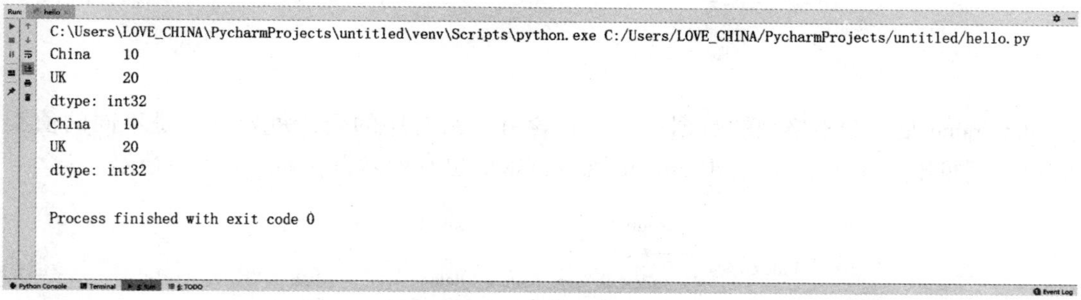

图 8-44　示例代码运行结果

6. series 运算

示例代码如下：

```
1.  #导入numpy模块和pandas模块的包
2.
3.  import numpy as a
4.  import pandas as pan
5.
6.
7.  x = {'China':10,'UK':20,'USA':30}
8.
9.
```

```
10. y = pan.series(x,dtype = int)
11.
12.
13. b = a.array([1,2,3])
14.
15.
16. print(y + b)
```

运算结果如图 8-45 所示。

```
C:\Users\LOVE_CHINA\PycharmProjects\untitled\venv\Scripts\python.exe C:/Users/LOVE_CHINA/PycharmProjects/untitled/hello.py
China    11
UK       22
USA      33
dtype: int32

Process finished with exit code 0
```

图 8-45　示例代码运行结果

8.2.2　dataframe 数据结构

dataframe 是一个表格型的数据结构，它含有一组有序的列，每列可以是不同的值类型（数值、字符串、布尔值等），dataframe 既有行索引也有列索引，如图 8-46 所示。

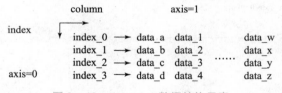

图 8-46　dataframe 数据结构示意

1. 通过二维数组创建

示例代码如下：

```
1. #导入 numpy 模块和 pandas 模块的包
2.
3. import numpy as a
4. import pandas as pan
5.
6.
```

```
7.  a=[['China',10],['UK',20],['USA',30]]
8.
9.
10. x=pan.dataframe(a)
11.
12.
13.
14. print(x)
```

运行结果如图 8-47 所示。

```
C:\Users\LOVE_CHINA\PycharmProjects\untitled\venv\Scripts\python.exe C:/Users/LOVE_CHINA/PycharmProjects/untitled/hello.py
       0   1
0  China  10
1     UK  20
2    USA  30

Process finished with exit code 0
```

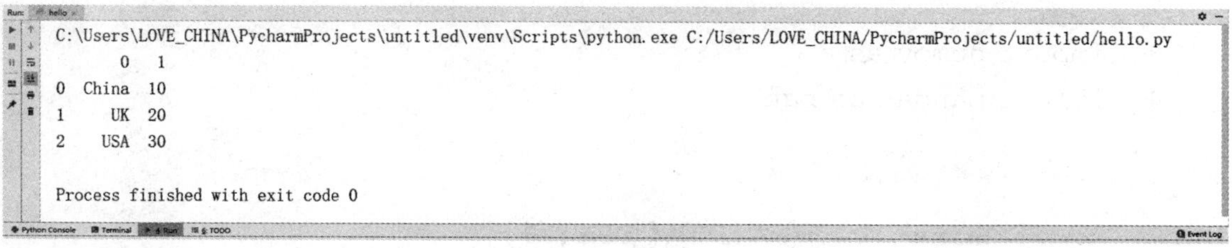

图 8-47 示例代码运行结果

2. 通过字典创建

示例代码如下：

```
1.  #导入 numpy 模块和 pandas 模块的包
2.
3.  import numpy as a
4.  import pandas as pan
5.
6.
7.  x=['China':[10],'UK':[20],'USA':[30]]
8.
9.
10. y=pan.dataframe(x)
11.
12.
13.
14. print(y)
```

运行结果如图 8-48 所示。

```
C:\Users\LOVE_CHINA\PycharmProjects\untitled\venv\Scripts\python.exe C:/Users/LOVE_CHINA/PycharmProjects/untitled/hello.py
   China  UK  USA
0    10   20   30

Process finished with exit code 0
```

图 8-48　示例代码运行结果

3. dataframe 的基本属性

示例代码如下：

```
1.  #导入numpy模块和pandas模块的包
2.
3.  import numpy as a
4.  import pandas as pan
5.
6.
7.  x=[['China',10],['UK',20],['USA',30]]
8.
9.
10.
11. print(pan.dataframe(x).values)
12.
13. print(pan.dataframe(x).dtypes)
```

运行结果如图 8-49 所示。

```
C:\Users\LOVE_CHINA\PycharmProjects\untitled\venv\Scripts\python.exe C:/Users/LOVE_CHINA/PycharmProjects/untitled/hello.py
[['China' 10]
 ['UK' 20]
 ['USA' 30]]
0    object
1    int64
dtype: object

Process finished with exit code 0
```

图 8-49　示例代码运行结果

8.2.3　文件操作

使用 pandas 模块进行文件操作的数据的来源可以是 Excle、JSON 和 CSV，也可以是来自数据库的数据。

1. MySQL 数据库

示例代码如下：

```
1.  #导入必要模块
2.  import pandas as pd
3.  import pymysql
4.  from sqlalchemy import create_engine
5.
6.  #初始化数据库连接
7.  #用户名 root 密码端口 3306  mydb 这里是用户自己的数据库名称
8.  engine = create_engine('mysql+pymysql://root:123456@localhost:3306/mydb')
9.  #查询语句
10. sql = '''
11.     select * from teacher;
12. '''
13. #这里我的mydb数据库下有一个teacher的表
14. #两个参数  sql语句数据库连接
15. df = pd.read_sql(sql,engine)
16. df
```

读取 MySQL 非常简单，只需要使用 SQL 语句"data = pd.read_sql(sql = sql, con = conn)"，就可以读取 MySQL 的数据。

读取出来的数据是 dataframe 格式，假如想转为 Python 语言格式，可以使用 data.values.tolist() 方法进行转换。

2. 读取 Excel

示例代码如下：

```
1.  import numpy as np
2.  import pandas as pd
3.  from tempfile import NamedTemporaryFile
4.
5.  np.random.seed(42)
6.  a = np.random.randn(365,4)
7.
8.  tmpf = NamedTemporaryFile(suffix='.xlsx')
9.  df = pd.dataframe(a)
10. print tmpf.name
11. df.to_excel(tmpf.name,sheet_name='Random Data')
print "Means \n",pd.read_excel(tmpf.name,'Random Data').mean()
```

读取 Excle 也非常简单，使用语句 "data = pd.read_excle('path')"，写入 Excle 的过程为：先把 list 之类的数据转换为 dataframe 数据格式，然后使用 data.to_excle('path')，注意 Excle 需要以 ".xls" 结尾，xlsx 格式暂时不被支持。

3. 读取 CSV

示例代码如下：

```
1. import pandas as pd
2. import csv
3.
4. # header = 0——表示 CSV 文件的第一行默认为 dataframe 数据的行名称
5. # index_col = 0——表示使用第 0 列作为 dataframe 的行索引
6. # squeeze = True——表示如果文件只包含一列,则返回一个序列
7. file_dataframe = pd.read_csv('../datasets/data_new_2/csv_file_
   name.csv',header = 0,index_col = 0,squeeze = True)
```

CSV 的读取和写入和 Excle 基本相同，需要注意的是读写过程中的路径一定不要为中文路径，否则报错，在写入 CSV 时，若加入文件中有中文，必须添加编码格式：encoding = 'UTF-8'。

8.2.4 字符串处理

最常用的字符串处理函数有 lower( )、upper( )、len( )、startswith( )、endswith( )、strip( )，replace( )，split( )、rsplit( )、contains( )和字符串索引。示例代码如下：

```
1. #导入 numpy 模块和 pandas 模块的包
2.
3. import numpy as a
4. import pandas as pan
5.
6.
7. x = pan.series(['c','c','a','123',a.nan])
8.
9.
10. #字符串小写
11. print(x.str.lower())
12.
13.
14. #字符串大写
15. print(x.str.upper())
16.
```

```
17.
18. #字符串长度
19. print(x.str.len())
20.
21. #判断字符串里面起始是否为a
22. print(x.str.startswith('a'))
23.
24.
25. #判断字符结束是否为3
26. print(x.str.endswith('3'))
```

运行结果如图8-50所示。

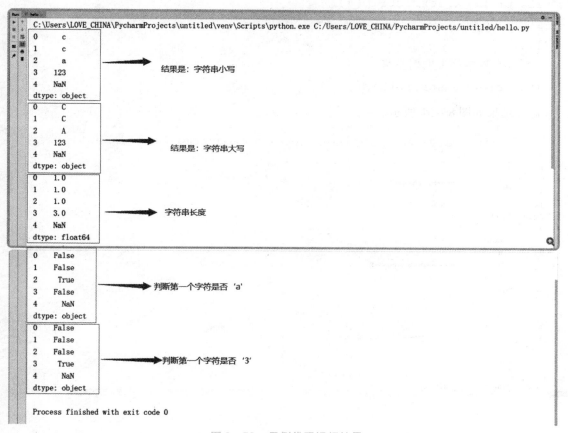

图8-50 示例代码运行结果

（1）去除字符串中的空格使用strip()函数。示例代码如下：

```
1. #导入numpy模块和pandas模块的包
2.
3. import numpy as a
```

```
4. import pandas as pan
5.
6.
7. x = pan.series(['C    ','c','a','   123',a.nan])
8.
9.
10. #去除空格
11. print(x.str.strip())
12.
13.
14. #去除字符串左侧空格
15. print(x.str.lstrip())
16.
17.
18. #去除字符串左侧空格
19. print(x.str.rstrip())
```

运行结果如图8–51所示。

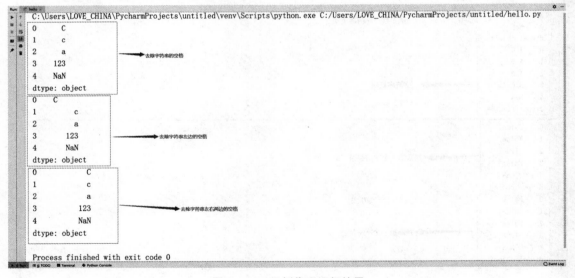

图8–51 示例代码运行结果

（2）字符串替换replace()函数。示例代码如下：

```
1. #导入numpy模块和pandas模块的包
2.
3. import numpy as a
4. import pandas as pan
```

5.
6.
7. x = pan.series(['C','c','a','123',a.nan])
8.
9.
10. #替换字符
11. print(x.str.replace('c','b'))

运行结果如图 8-52 所示。

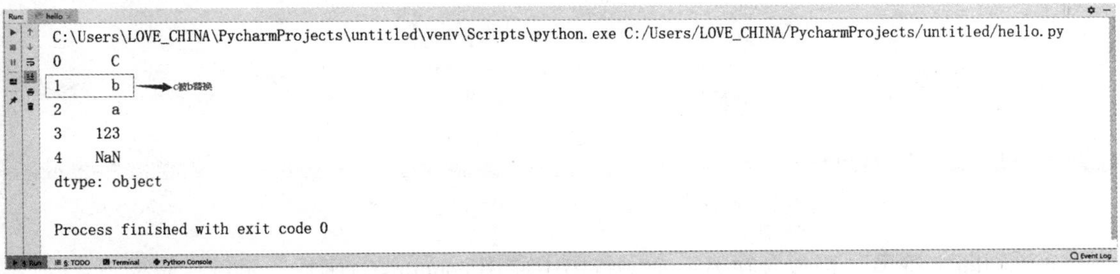

```
C:\Users\LOVE_CHINA\PycharmProjects\untitled\venv\Scripts\python.exe C:/Users/LOVE_CHINA/PycharmProjects/untitled/hello.py
0    C
1    b          ←c被b替换
2    a
3    123
4    NaN
dtype: object

Process finished with exit code 0
```

图 8-52　示例代码运行结果

（3）字符串切割使用 split( ) 函数和 rsplit( ) 函数。示例代码如下：

1. #导入 numpy 模块和 pandas 模块的包
2.
3. import numpy as a
4. import pandas as pan
5.
6.
7. x = pan.series(['C_','c_','a_','1_2_3',a.nan])
8.
9.
10. #字符串切割
11. print(x.str.split('_'))
12.
13. # expand 是扩展操作返回 dataframe,n 表示参数限制分个数
14. print(x.str.split('_',expand = True,n = 1))
15. # rsplit 类似 split 反向工作,即从字符串的末尾到字符串的开头
16. print(x.str.rsplit('_',expand = True,n = 1))

运行结果如图 8-53 所示。

```
C:\Users\LOVE_CHINA\PycharmProjects\untitled\venv\Scripts\python.exe C:/Users/LOVE_CHINA/PycharmProjects/untitled/hello.py
0        [C, ]
1        [c, ]
2        [a, ]
3      [1, 2, 3]
4         NaN
dtype: object
     0    1
0    C
1    c
2    a
3    1   2_3
4   NaN  NaN
     0    1
0    C
1    c
2    a
3   1_2   3
4   NaN  NaN

Process finished with exit code 0
```

图 8-53　示例代码运行结果

（4）判断字符串是否包含在另一个字符串中使用 contains() 函数。示例代码如下：

```
1. #导入 numpy 模块和 pandas 模块的包
2.
3. import numpy as a
4. import pandas as pan
5.
6.
7. x = pan.series(['C','c','a','123',a.nan])
8.
9. #判断字符串[['C','c','a','123',a.nan]]是否包含在另一个字符串 'a' 中
print(x.str.contains('a'))
```

运行结果如图 8-54 所示。

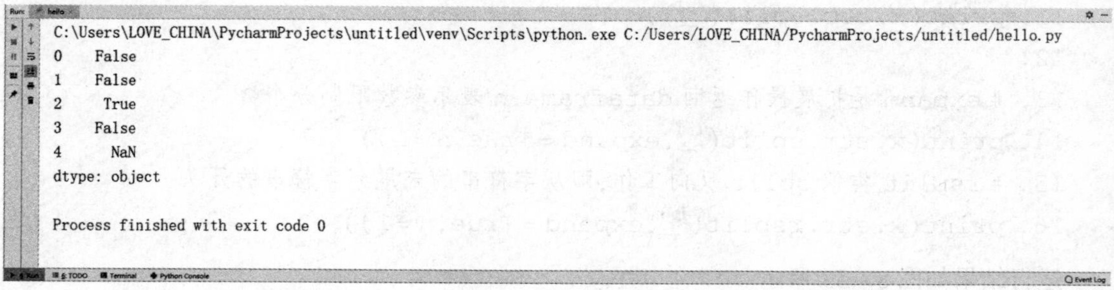

```
C:\Users\LOVE_CHINA\PycharmProjects\untitled\venv\Scripts\python.exe C:/Users/LOVE_CHINA/PycharmProjects/untitled/hello.py
0    False
1    False
2    True
3    False
4    NaN
dtype: object

Process finished with exit code 0
```

图 8-54　示例代码运行结果

（5）字符串索引的示例代码如下：

```
1.  #导入numpy模块和pandas模块的包
2.
3.  import numpy as a
4.  import pandas as pan
5.
6.
7.  x = pan.series(['C','c','a','123',a.nan])
8.
9.  #输出字符串索引str[0]
10. print(x.str[0])
```

运行结果如图 8-55 所示。

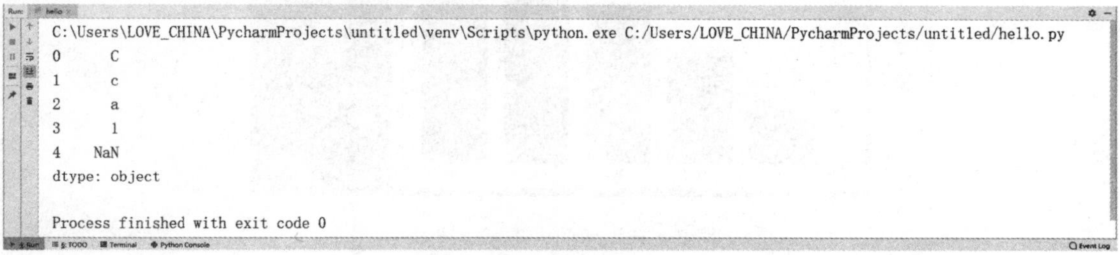

图 8-55　示例代码运行结果

8.3　matplotlib 模块

matplotlib 模块是 Python 语言的二维绘图库，它以各种硬拷贝格式和跨平台的交互式环境生成出版质量级别的图形。

matplotlib 模块使容易的事情变得更容易，使困难的事情变得可能，可以生成图表、直方图、功率谱、条形图、误差图、散点图等。

8.3.1　条形图

可以用 bar( ) 函数绘制条形图。示例代码如下：

```
1.  #导入numpy和matplotlib模块的包
2.  import numpy as np
3.  import matplotlib.pyplot as p
4.
5.  x = [10,20,30,40,50]
6.
7.  index = a.arange(5)
8.
9.  p.bar(index,x)
```

```
10. #index表示x轴的类别,x表示y轴的数量
11.
12. #显示图形
13. p.show()
```

运行结果如图8-56所示。

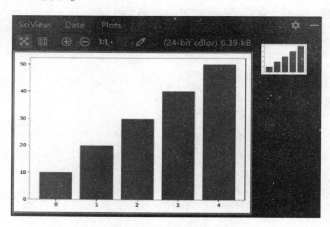

图8-56 示例代码运行结果

8.3.2 直方图

hist()函数用于生成直方图,它会返回一个元组结果,包含对直方图的计算结果(n, bins, patches)。绘制直方图需要了解以下参数:

(1) data:必选参数,为绘图数据;

(2) bins:直方图的长条形数目,为可选项,默认为10;

(3) normed:确定是否将得到的直方图向量归一化,为可选项,默认为0,代表不归一化,显示频数,normed=1表示归一化,显示频率;

(4) facecolor:长条形的颜色;

(5) edgecolor:长条形边框的颜色;

(6) alpha:透明度。

例如:

p.hist(data,bins=40,normed=0,facecolor="blue",edgecolor="black",alpha=0.7)

示例代码如下:

```
1. #导入相应的numpy和matplotlib包
2. import numpy as np
3. import matplotlib.pyplot as p
4.
```

```
5.  #绘制随机 100 个数
6.  p.hist(a.random.randn(100))
7.
8.  #设置标题
9.  p.title("title")
10.
11. #显示图形
12. p.show()
```

运行结果如图 8-57 所示。

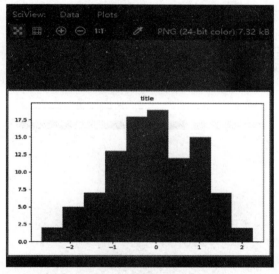

图 8-57 示例代码运行结果

8.3.3 折线图

在 matplotlib 模块面向对象的绘图库中，pyplot() 函数是一个方便的接口。plot() 函数支持创建单条折线的折线图，也支持创建包含多条折线的复式折线图——只要在调用 plot() 函数时传入多个分别代表 x 轴和 y 轴数据的 list 列表即可。

1. 简单的折线图

示例代码如下：

```
1. import  numpy  as np
2. import matplotlib.pyplot as p
3.
4. p.plot(a.arange(6),[10,20,25,33,46,55])
5.
```

```
6. # a.arange(6)为 x 轴数据,[10,20,25,33,46,55]为 y 轴数据
7. p.show()
```

运行结果如图 8-58 所示。

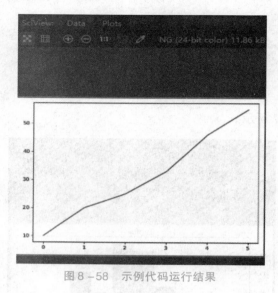

图 8-58　示例代码运行结果

2. 复杂的折线图

示例代码如下:

```
1. import numpy as np
2. import matplotlib.pyplot as p
3.
4. p.plot(a.arange(6),[10,20,25,33,46,55],color = "red",linewidth =
   2.0,linestyle = " -- ")5.
5.
6. p.plot(a.arange(6),[11,16,23,35,43,52],color = "blue",linewidth
   =2.0,linestyle = " - ")
7.
8. # color 表示折线颜色,linewidth 表示折线宽度,linestyle 表示折线样式
9. p.show()
```

运行结果如图 8-59 所示。

3. 管理图例

对于复杂的折线图，应该为每条折线添加图例，这可以通过 legend() 函数来实现。该函数可传入两个 list 参数，其中第一个 list 参数（handles）用于引用折线图上的每条折线；第二个 list 参数（labels）代表为每条折线所添加的图例。

示例代码如下:

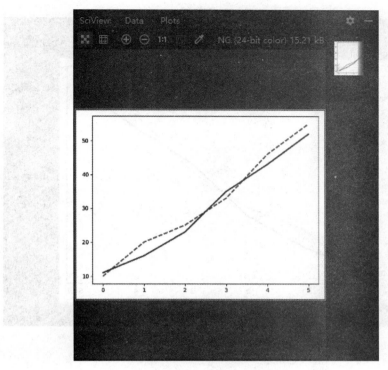

图 8-59 示例代码运行结果

```
1. import numpy as np
2. import matplotlib.pyplot as p
3. num1, = p.plot(a.arange(6),[10,20,25,33,46,55],color = "red",lin-
   ewidth = 2.0,linestyle = '--')
4. num2, = p.plot(a.arange(6),[11,16,23,35,43,52],color = "blue",
   linewidth = 2.0,linestyle = '-')
5. p.legend(handles = [num1,num2],labels = ['h','p'])
6. p.show()
```

运行结果如图 8-60 所示。

小提示：color：指定折线的颜色；

　　　　linewidth：指定折线的宽度；

　　　　linestyle：指定折线的样式；

　　　　　'-'：表示实线；

　　　　　'--'：表示虚线；

　　　　　':'：表示点线；

　　　　　'-.'：表示短线、点相间的虚线。

4. 管理多个子图

示例代码如下：

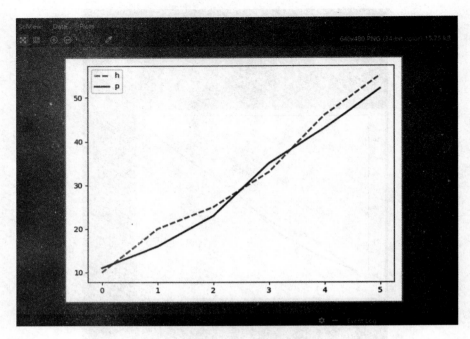

图 8 - 60　示例代码运行结果

```
1.  import numpy as np
2.  import matplotlib.pyplot as p
3.  import matplotlib.gridspec as gri
4.  p.figure()
5.  x = a.linspace( - a.pi,a.pi,64,endpoint = True)
6.  gs = gri.GridSpec(3,2)#将绘画区分成 3 行 2 列
7.  x1 = p.subplot(gs[0,:])#制定 x1 占用第一行
8.  x2 = p.subplot(gs[1,:1])#制定 x2 占用第二行
9.  x3 = p.subplot(gs[2,1:2])#制定 x3 占用第三行的第二个格子
10. x1.plot(x,a.sin(x))
11. x1.spines['left'].set_position(('data',0))
12. x2.plot(x,a.cos(x))
13. x2.spines['left'].set_position(('data',0))
14. x1.plot(x,a.tan(x))
15. x1.spines['left'].set_position(('data',0))
p.show()
```

运行结果如图 8 - 61 所示。

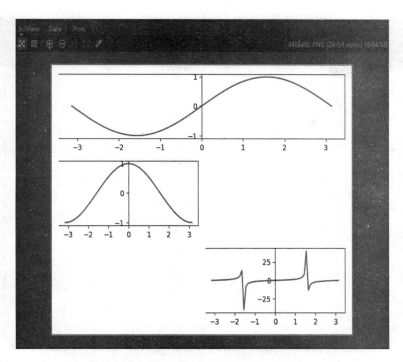

图 8-61 示例代码运行结果

8.3.4 散点图

散点图经常用来显示分布或者比较几个变量的相关性或者分组。绘制单个点需要使用 scatter()函数。示例代码如下：

```
1. import numpy as a
2. import matplotlib.pyplot as p
3. p.scatter(2,4)
4. p.show()
```

运行结果如图 8-62 所示。

小提示：plt.scatter（x，y，s，c，marker）中各参数的含义如下：

（1）x：x 轴坐标；

（2）y：y 轴坐标；

（3）s：点的大小/粗细标量或 array_like 默认是 rcParams ['lines. markersize'] **2；

（4）c：点的颜色；

（5）marker：标记的样式（表 8-7），默认为 '0'。

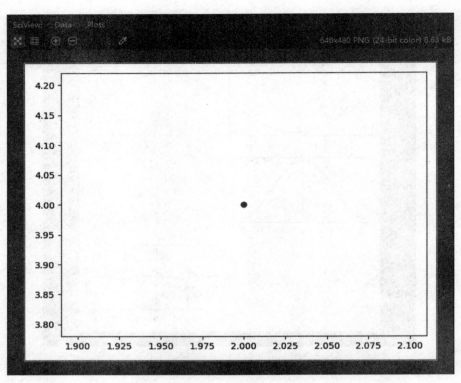

图 8-62 示例代码运行结果

表 8-7 标记的样式

marker	类型	含义
"."	point	点
","	pixel	像素
"o"	circle	圆
"v"	triangle_down	下三角
"^"	triangle_up	上三角
"<"	triangle_left	左三角
">"	triangle_right	右三角
"1"	tri_down	类似奔驰标志
"2"	tri_up	类似奔驰标志
"3"	tri_left	类似奔驰标志
"4"	tri_right	类似奔驰标志
"8"	octagon	八角形
"s"	square	正方形

续表

marker	类型	含义
"p"	pentagon	五角星
"*"	star	星号
"h"	hexagon1	六边形
"H"	hexagon2	六边形
"+"	plus	加
"x"	X	叉型
"D"	diamond	钻石
"d"	thin_diamond	细的钻石

示例代码如下:

```
1. import numpy as np
2. import matplotlib.pyplot as p
3. x = np.random.randn(100)
4. y = np.random.randn(100)
5. P.scatter(x,y,c = 'red',marker = '^')
p.show()
```

运行结果如图 8-63 所示。

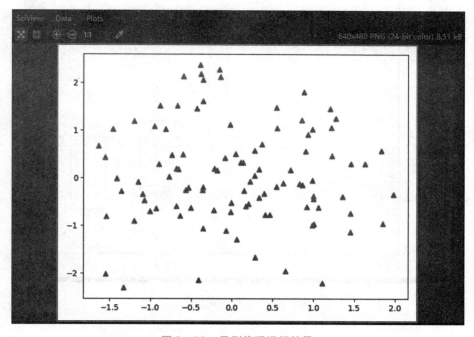

图 8-63　示例代码运行结果

8.3.5 箱线图

箱线图又称箱形图（boxplot）或盒式图，不同于一般的折线图、柱状图或饼图等传统图，它只是数据大小、占比、趋势等的呈现，其包含一些统计学的均值、分位数、极值等统计量，因此，该图信息量较大，不仅能够用来分析不同类别数据平均水平差异（需在箱线图中加入均值点），还能揭示数据间离散程度、异常值、分布差异等。

在 Python 语言中常用 matplotlib 模块的 boxplot() 函数来绘制箱线图。

示例代码如下：

```
1. import numpy as np
2. import matplotlib.pyplot as p
3. import pandas as pd
4. x = np.random.randn(100)
5. data = pd.dataframe(np.random.rand(5,5),
6. columns = [1,2,3,4,5])
7. data.boxplot()
8. p.show()
```

运行结果如图 8-64 所示。

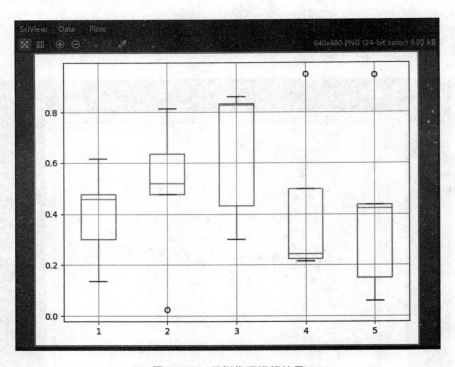

图 8-64 示例代码运行结果

本章小结

本章重点介绍了 numpy 模块、pandas 模块和 matplotlib 模块,让读者对 numpy 模块、pandas 模块和 matplotlib 有了深入的了解和实际操作能力。

课后习题

一、选择题

1. numpy 模块提供的两种基本对象是（　　）。

   A. array   B. ndarray

   C. ufunc   D. matrix

2. 下列不属于数组属性的是（　　）。

   A. ndim   B. shape

   C. size   D. add

3. 下列参数中调整后显示中文的是（　　）。

   A. lines.linestyle   B. lines.linewidth

   C. font.sans-serif   D. axes.unicode_minus

4. 下面代码的运行结果是（　　）。

```
import numpy as np
a = np.arange(12).reshape((3,4))
print(a.mean())
```

   A. [4,5,6,7]   B. 16.5

   C. 5.5   D. [1.5,5.5,9.5]

5. 如下代码中 plt 的含义是（　　）。

```
import matplotlib.pyplot as plt
```

   A. 别名   B. 类名

   C. 函数名   D. 变量名

6. 阅读如下代码：

```
import matplotlib.pyplot as plt
plt.plot([9,7,15,2,9])
plt.show()
```

   其中,show()函数的作用是（　　）。

   A. 显示所绘制的数据图   B. 存储所绘制的数据图

   C. 缓存所绘制的数据图   D. 刷新所绘制的数据图

7. 阅读如下代码:

```
import pandas as pd
a = pd.series([9,8,7,6],index = ['a','b','c','d'])
```

print(a.index) 的结果是（　　）。

A. [9,8,7,6]
B. ['a','b','c','d']
C. ('a','b','c','d')
D. Index(['a','b','c','d'])

8. 能够生成一个 n×n 的正方形矩阵，对角线值为 1，其余位置值为 0 的语句是（　　）。

A. np.zeros((n,n))
B. np.eye(n)
C. np.full((n,n),1)
D. np.ones((n,n))

9. （　　）更能代表如下代码的运行结果。

```
import numpy as np
x = np.array([ [ 0,1,2,3,4],[9,8,7,6] ])
x.dtype()
```

A. float32 类型
B. int32 类型
C. uint32 类型
D. object 类型

10. 一般来说，numpy→matplotlib→pandas 是数据分析和展示的一条学习路径，以对这 3 个模块不正确的是（　　）。

A. pandas 模块仅支持一维和二维数据分析，多维数据分析要用 numpy 模块
B. matplotlib 模块支持多种数据展示
C. numpy 模块底层采用 C 语言实现，因此运行速度很快
D. pandas 模块也包含一些数据展示函数，可不用 matplotlib 模块

二、填空题

1. 补全如下代码，交换数组 a 的两个维度，生成新的数组 b。

```
import numpy as np
a = np.arange(12).reshape((3,4))
b = a._____(0,1)
```

2. 补全如下代码，修改数组 a 的类型为整数。

```
import numpy as np
a = np.arange(12,dtype = np.float).reshape((3,4))
a = a._____(np.int)
```

3. 补全如下代码，随机生成一个（3，4）维的随机数组，每个值随机产生。

```
import numpy as np
a = np.random._____(100,200,(3,4))
```

4. 补全如下代码，调整变量 a 中的第 2 行和第 3 行，使这两行交换。

```
import pandas as pd
dt = {'one': [9,8,7,6],'two': [3,2,1,0]}
a = pd.dataframe(dt)
a = a.reindex(_____ =(2,3))
```

5. 补全如下代码，对生成的变量 a 在 0 轴上进行升序排列。

```
import pandas as pd
import numpy as np
a = pd.dataframe(np.arange(20).reshape(4,5),index =['z','w','y','x'])
a._____().
```

6. 补全如下代码，对生成的变量 a 在第 2 列上进行数值升序排列。

```
import pandas as pd
import numpy as np
a = pd.dataframe(np.arange(20).reshape(4,5),index =['z','w','y','x'])
a._____(2).
```

7. 补全如下代码，打印其中非 NaN 变量的数量。

```
import pandas as pd
import numpy as np
a = pd.dataframe(np.arange(20).reshape(4,5))
b = pd.dataframe(np.arange(16).reshape(4,4))
print((a+b)._____()).
```

三、编程题

1. 创建一个长度为 10 的一维全为 0 的 ndarray 对象，然后让第 5 个元素等于 1。
2. 创建一个 3×3 并且值从 0 到 8 的矩阵。
3. 绘制各个特征的箱线图。
4. 如何利用 numpy 模块对数列的前 10 项进行排序。
5. 如何检验一个数据集是否随机分布？
6. 描述 numpy array 相比于 Python list 的优势。

第 9 章 网络编程

本章要点

(1) PyCharm 的安装与使用;
(2) TCP/IP 协议;
(3) TCP 与 UDP 编程。

引言

前面的章节已经介绍了使用不同的软件编写 Python 代码的方法,但编写代码的软件都是运行在单机上的,也就是不能和其他电脑上的程序进行通信。为了使在不同电脑上运行的软件之间能够互相传递数据,需要借助网络的功能。

让不同电脑上的软件进行数据传递,就是网络编程,即进程之间的通信。本章详细讲解 TCP/IP 协议、TCP 与 UDP 编程基础,并对爬虫案例进行分析。

9.1 PyCharm 的安装与使用

PyCharm 是一款功能强大的 Python 编辑器,具有跨平台性,鉴于目前最新版 PyCharm 使用教程较少,为了节约时间,先介绍 PyCharm 在 Windows 下是如何安装的。PyCharm 的下载地址为 "http://www.jetbrains.com/pycharm/download/#section = windows"。进入该网站后,会看到图 9 – 1 所示界面。

Professional 表示专业版,Community 表示社区版,推荐安装社区版,因为社区版是免费使用的。

(1) 当下载安装文件以后,即可进行安装,应修改安装路径,如这里选择安装到 E 盘,修改安装路径以后,单击 "Next" 按钮,如图 9 – 2 所示。

(2) 选择系统的位数 (64 位),如图 9 – 3 所示。

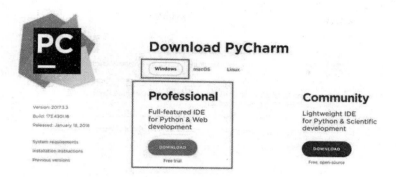

图 9-1　PyCharm 下载专业版

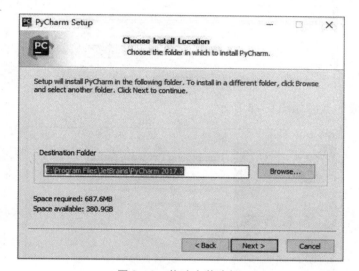

图 9-2　修改安装路径

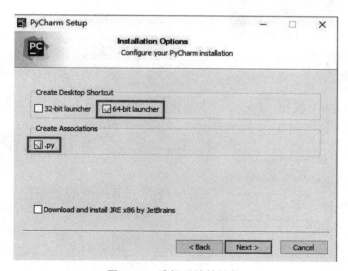

图 9-3　选择系统的位数

（3）单击"Install"按钮，如图 9-4 所示。

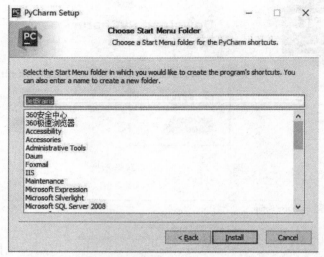

图 9-4　单击"Install"按钮

（4）安装完成的界面如图 9-5 所示。

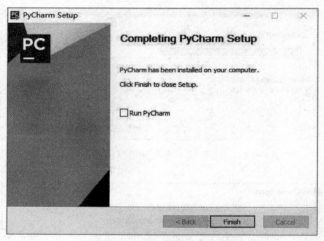

图 9-5　安装完成的界面

（5）单击"Finish"按钮，PyCharm 安装完成。接下来对 PyCharm 进行配置，双击桌面上的 PyCharm 图标，进入图 9-6 所示界面。

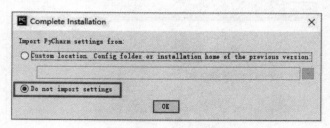

图 9-6　配置 PyCharm

（6）选择"Do not import settings"选项，之后单击"OK"按钮，进入下一步。单击"Accept"按钮，如图9-7所示。

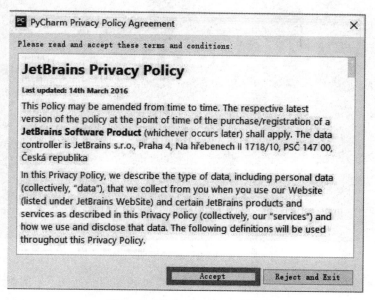

图9-7　单击"Accept"按钮

（7）进入激活界面，选择"License server"选项，如图9-8所示。

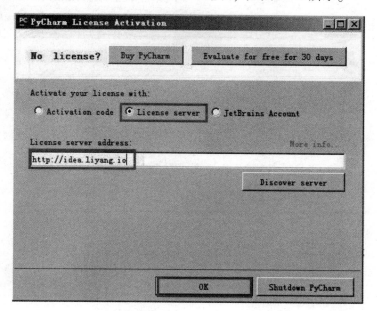

图9-8　激活界面

在"License server address"文本框中随意输入下面两个注册码中的任意一个即可——PyCharm新注册码1：http://idea.liyang.io 或 PyCharm新注册码2：http://xidea.online，之后单击"OK"按钮便可以激活PyCharm了。

（8）PyCharm 激活后的启动界面如图 9-9 所示。

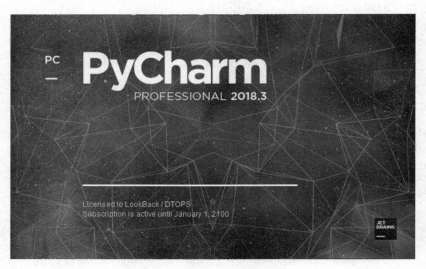

图 9-9 启动界面

（9）激活之后会自动跳转到选择 IDE 主题与编辑区界面，如图 9-10 所示。

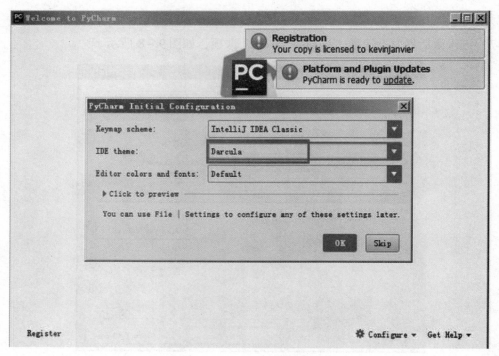

图 9-10 选择 IDE 主题与编辑区界面

建议选择 Darcula 主题，然后单击"OK"按钮，进入 Darcula 主题界面，如图 9-11 所示。

第三部分　Python 语言的深入学习

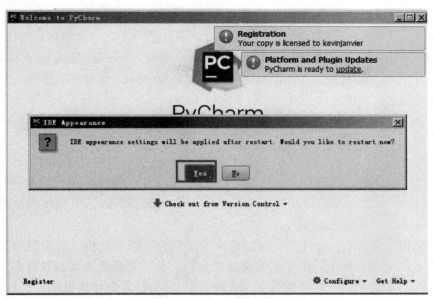

图 9-11　Darcula 主题界面

（10）编辑与运行界面如图 9-12 所示。

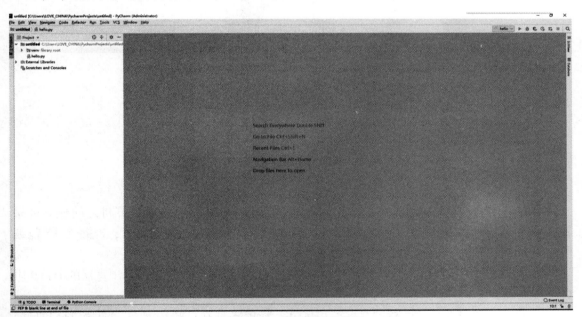

图 9-12　编辑和运行界面

9.2　TCP/IP 协议简介

计算机为了联网，必须规定通信协议。早期的计算机网络都是由各厂商自己规定一套协议，IBM 公司、苹果公司和微软公司都有各自的网络协议，互不兼容，这就好比一群人有的说英语，有的说中文，有的说德语，说同一种语言的人可以互相交流，说不同语言的人之间就无法交流。

为了把全世界的所有不同类型的计算机连接起来,必须规定一套全球通用的网络协议,互联网协议簇(Internet Protocol Suite)就是通用网络协议。Internet 是由 inter 和 net 两个单词组合起来的,原意就是连接"网络"的网络,有了 Internet,任何私有网络,只要支持这个协议,就可以连入互联网。

互联网协议包含上百种协议,最重要的两个协议是 TCP 和 IP 协议,所以,人们把互联网的协议简称为 TCP/IP 协议。

通信的时候,双方必须知道对方的标识,好比发邮件必须知道对方的邮件地址。互联网上每个计算机的唯一标识就是 IP 地址,如 123.123.123.123。如果一台计算机同时接入两个或更多的网络,比如路由器,它就会有两个或多个 IP 地址,所以,IP 地址对应的实际上是计算机的网络接口,通常是网卡。

IP 协议负责把数据从一台计算机通过网络发送到另一台计算机。数据被分割成若干小块,然后通过 IP 包发送出去。由于互联网链路复杂,两台计算机之间经常有多条线路,因此,路由器负责决定如何把一个 IP 包转发出去。IP 包的特点是按块发送,途经多个路由,但不保证能到达,也不保证顺序到达。IP 协议如图 9 – 13 所示。

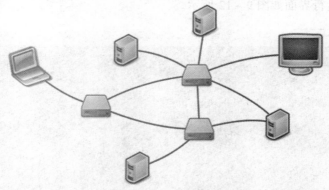

图 9 – 13　IP 协议示意

TCP 协议则是建立在 IP 协议的基础之上的。TCP 协议负责在两台计算机之间建立可靠连接,保证 IP 包按顺序到达。TCP 协议会通过"握手"建立连接,然后,对每个 IP 包编号,确保对方按顺序收到,如果 IP 包丢失,就自动重发。

许多常用的更高级的协议都是建立在 TCP 协议的基础上的,比如用于浏览器的 HTTP 协议、发送邮件的 SMTP 协议等。

一个 IP 包除了包含要传输的数据外,还包含源 IP 地址和目标 IP 地址、源端口号和目标端口号。

在两台计算机通信时,只发 IP 地址是不够的,因为同一台计算机上运行着多个网络程序。一个 IP 包到来之后,到底交给哪个程序,这需要端口号来区分。每个网络程序都向操作系统申请唯一的端口号,这样,两个进程在两台计算机之间建立网络连接就需要各自的 IP 地址和各自的端口号。

一个进程也可能同时与多个计算机建立连接,因此它会申请很多端口。

TCP/IP 协议如图 9-14 所示。

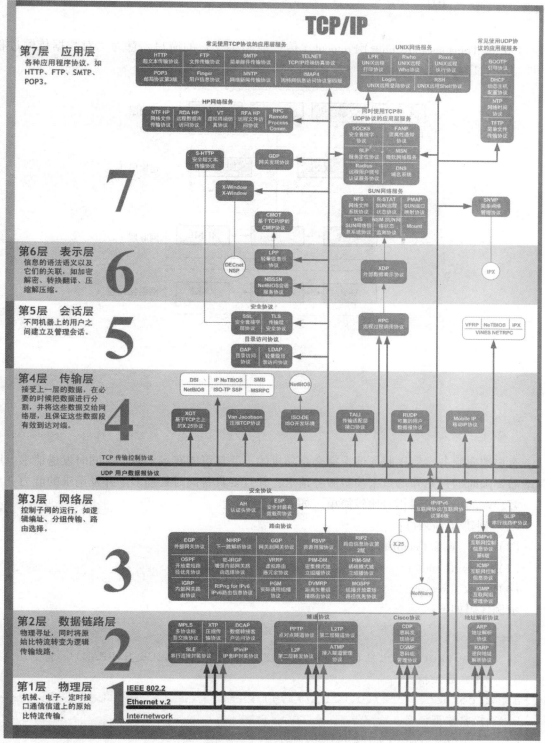

图 9-14　TCP/IP 协议

9.3 TCP 编程

TCP 是 Transmission Control Protocol（传输控制协议）的简写，意为"对数据传输过程的控制"，如图 9-15 所示。

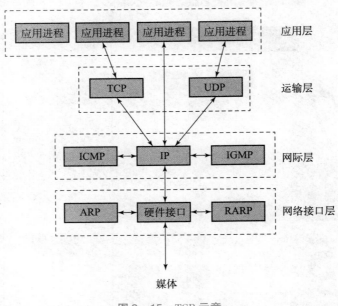

图 9-15 TCP 示意

9.3.1 客户端

客户端向服务端发送服务请求完全是随机的，并且可能有多个客户端同时发送请求。服务端需要随时通过熟知端口来侦听服务请求，并且要具备同时处理多个并发请求的能力。

客户端的编程步骤相对比较简单，如下：

(1) 创建（socket）；
(2) 建立连接（connect）；
(3) 发送（send）；
(4) 接收（recv）。

示例代码如下：

```
1.  import socket
2.  s = socket.socket(socket.AF_INET,socket.SOCK_STREAM)
3.  #建立连接：
4.  s.connect(('127.0.0.1',7777))
5.  #接收欢迎消息：
6.  print(s.recv(1024).decode('utf-8'))
```

```
7.  for data in [b'Mary',b'lili',b'zhangsan']:
8.      #发送数据:
9.      s.send(data)
10. print(s.recv(1024).decode('utf-8'))
11. s.send(b'exit')
s.close()
```

9.3.2 服务端

服务端的编程步骤如下:

(1) 创建 socket 对象。

使用 bind() 函数绑定 IP 地址和端口。

IPv4 地址为一个二元组('IP 地址字符串', port)。

使用 listen() 函数在指定的 IP 端口上监听。

(2) 获取用于传送数据的 socket 对象。

socket. accrpt( ) -> (socket object, address info)

accept() 函数阻塞等待客户端创立连接,返回一个新的 socket 对象和客户端。

(3) 地址的二元组。

地址是远程客户端的地址,IPv4 中它是一个二元组(clientaddr, port)。

(4) 接收数据。

使用缓冲区接收数据:recv(bufsize[,flags])。

(5) 发送数据。

必须传入一个 bytes:send (bytes)。

示例代码如下:

```
1.  import socket,time,threading
2.
3.  def tcplink(socket,addr):
4.      print('Accept new connection from %s:%s...' % addr)
5.      socket.send(b'Welcome!')
6.      while True:
7.          data = socket.recv(1024)
8.          time.sleep(1)
9.          if not data or data.decode('utf-8') == 'exit':
10.             break
11.         socket.send(('Hello,%s!' % data.decode('utf-8')).encode('utf-8'))
12.         socket.close()
```

```
13.        print('Connection from % s:% s closed.'% addr)
14.
15. s = socket.socket(socket.AF_INET,socket.SOCK_STREAM)
16. #监听端口
17. s.bind(('127.0.0.1',7777))
18. s.listen(5)
19. print('Waiting for connection...')
20. while True:
21.        #接受一个新连接
22.        socket,addr = s.accept()
23.        #创建新线程来处理TCP连接
24.        t = threading.Thread(target = tcplink,args =(socket,addr))
25.        t.start()
```

9.4 UDP 编程

UDP 是 User Datagram Protocol 的简称,意为"用户数据报协议",是开放式系统互联(Open System Interconnection,OSI)参考模型中一种无连接的传输层协议,提供面向事务的简单不可靠信息传送服务,IETF RFC 768 是 UDP 的正式规范。

根据 OSI 参考模型,UDP 和 TCP 都属于传输层协议。UDP 的主要作用是将网络数据流量压缩成数据包的形式。一个典型的数据包就是一个二进制数据的传输单位。每个数据包的前 8 个字节用来包含报头信息,剩余字节则用来包含具体的传输数据。

9.4.1 UDP 数据传输

1. 发送数据

发送数据的流程如下:
(1)创建套接字;
(2)发送数据;
(3)关闭套接字。
创建 UDP 的套接字,示例代码如下:

```
1. dp_socket = socket.socket(socket.AF_INET,socket.SOCK_DGRAM)
```

输入套接字发送的内容,示例代码如下:

```
1. send_data = input("请输入发送的内容:")
```

套接字发送的内容:
(1)第一个参数是发送的内容,如为 byte 类型,需用 utf - 8 转换。
(2)第二个参数是元组类型,元组内有两个参数,第一个是对方的 IP 地址,第二个是对方的端口号。

示例代码如下：

```
1.udp_socket.sendto(send_data.encode('utf-8'),("192.168.3.6",8080))
```

发送完内容关闭套接字，示例代码如下：

```
1.udp_socket.close()
```

完整的 UDP 套接字发送代码（可以把内容放到 while True 循环里面，一直发送数据）如下：

```
1.  import socket
2.  def main():
3.
4.      #1、创建一个 UDP 的套接字
5.      udp_socket = socket.socket(socket.AF_INET,socket.SOCK_DGRAM)
6.      #2、使用 UDP 的 socket 发送数据
7.      #2.1、用键盘输入发送的内容
8.      send_data = input("请输入发送的内容:")
9.      #2.2、使用套接字发送内容
10.     #第一个参数是:发送的内容;
11.     #第二个参数是元组类型,元组内有两个参数,第一个是对方的IP地址,第二个是对方的端口号
12.     udp_socket.sendto(send_data.encode('utf-8'),("192.168.3.6",8080))
13.     #3、关闭套接字
14.     udp_socket.close()
15. if __name__ == "__main__":
16.
17.     main()
```

小提示：同一台电脑不允许有两个相同的端口，发送端如果不设置端口，电脑就会随机分配端口。

2. 接收数据

接收数据的流程如下：

（1）创建套接字；

（2）绑定本地的信息（IP 地址和本地设置的端口号）；

（3）接收数据；

（4）关闭套接字。

创建套接字，示例代码如下：

```
1. udp_socket = socket.socket(socket.AF_INET,socket.SOCK_DGRAM)
```

绑定本地的信息（IP 地址和本地设置的端口号），示例代码如下：

```
1. localaddr = ("",6688) # IP 地址一般不用写,表示本机的任何一个 IP 地址,
   如"192.168.3.6"
2. udp_socket.bind(localaddr)# 必须绑定本地电脑的 IP 地址和端口号,其他电
   脑的不行
```

接收数据（Windows 系统用 dbk 解码，想要一直接收数据，可以把内容放到 while True 循环里面），示例代码如下：

```
1. 接收内容(参数是允许接收的最大内容)
2. receive_data = udp_socket.recvfrom(1024)
3. #接收的内容分为两部分:一部分是存储的时候接收的数据,另一部分是发送方的IP
   地址和端口号
4. receive_message = receive_data[0]# 存储接收的数据
5. receive_addr = receive_data[1]# 存储发送方的地址信息
6. print("内容 =% s:对方的信息
7. =% s"% (str(receive_addr),receive_message.decode("utf-8")))
```

关闭套接字，示例代码如下：

```
1. udp_socket.close()
```

小提示：同一台电脑不允许有两个相同的端口，接收方必须设置端口，网络通信过程中，之所需要 IP 地址、端口号等，就是为了能够将一个复杂的通信过程进行任务划分，从而保证数据准确无误地传递。

9.4.2 UDP 多线程操作

在一个程序中同时接收和发送数据的代码要复杂一些。这里给出了一个多线程操作的例子：UDP 可以通过多线程实现两机之间的自由"聊天"功能。

示例代码如下：

```
1. import socket        #引入套接字
2. import threading     #引入并行
3.
4. def udp_send(udp_socket):
5.     while True:
6.         num1 ='192.168.232.1'
7.         num2 = 8081
```

```
8.        send_data = input('请输入要发送的数据:')
9.        send_data = send_data.encode('utf-8')
10.       udp_socket.sendto(send_data,(num1,num2))    #sendto(发送
          数据,发送地址)
11. def udp_recv(udp_socket):
12.    while True:
13.        recv_data = udp_socket.recv(1024)
14.        recv_data = recv_data.decode('utf-8')
15.        print('收到信息为:% s'% recv_data)
16. def main():
17.    udp_socket = socket.socket(socket.AF_INET,socket.SOCK_DGRAM)
18.                                       #创建套接字
19.    ip = '192.168.232.1'
20. #服务器IP地址和端口号
21.    port = 8080
22.    udp_socket.bind((ip,port))         #服务器绑定IP地址和端口号
23.    #发送数据
24.    t = threading.Thread(target = udp_send,args = (udp_socket,))
25. # Thread函数用于并行
26.    #接收数据
27.    t1 = threading.Thread(target = udp_recv,args = (udp_socket,))
28.    t.start()                          #并行开始
29.    t1.start()
30.
31. if __name__ == '__main__':
32.    main()
```

9.5 网络爬虫案例

9.5.1 访问一个网址

示例代码如下:

```
1. import requests
2. url = "https://www.baidu.com
3. try:
```

```
4.    r = requests.get(url)
5.    r.raise_for_status()
6.    r.encoding = r.apparent_encoding
7.    print(r.text[:1000])
8. except:
9. print("爬取失败")
```

示例代码如下:

```
1. import requests
2. from bs4 import BeautifulSoup
3.
4. #如果遇到登录的密码被加密了有两种解决办法
5. #1、获取加密方式,然后手动破解
6. #2、直接抓包把加密后的数据发过去
7.
8. #1、访问登录页面
9. l1 = requests.get(url = "https://passport.lagou.com/login/login.html",
10.     headers = {
11.     "user-agent": "Mozilla/5.0(Windows NT 6.1)AppleWebKit/537.36(KHTML,like Gecko)Chrome/57.0.2987.133 Safari/537.36"
12.     })
13.
14. #print(l1.text)
```

9.5.2 对象属性和方法

1. request()方法

requests.request(method, url, **kwargs):构造一个请求,支撑以下各方法的基础方法:

method:请求方式,对应 get/post 等。

url:网页链接。

(1) params:字典或字节序列,作为参数添加到 url 中。

示例代码如下:

```
1. rt = {'Key1':'value1','key2':'value2'}
2. r = requests.request('GET''https://www.baidu.com/link?url=58oz4AEVxDWXanBqrfF95ffQFlw1SkpGf58XT6izpAGZdzCFbHN2i1Bsr6Ejzek&wd=&eqid=ddc9c25c0008f81e000000035e884c9c',params-rt)
```

(2) data：字典、字节序列或文件对象，作为 request 的对象。
示例代码如下：

```
1. rt = {'Key1':'value1','key2':'value2'}
2. r = requests.request('POST','https://www.baidu.com/link?url=
   58oz4AEVxDWXanBqrfF95ffQFlw1SkpGf58XT6izpAGZdzCFbHN2i1B
   sr6Ejzek&wd=&eqid=ddc9c25c0008f81e000000035e884c9c',data=
   rt)
```

(3) json：JSON 格式的数据，作为 request 的内容。
示例代码如下：

```
1. rt = {'Key1':'value1'}
2. r = requests.request('POST','https://www.baidu.com/link?url=
   58oz4AEVxDWXanBqrfF95ffQFlw1SkpGf58XT6izpAGZdzCFbHN2i1B
   sr6Ejzek&wd=&eqid=ddc9c25c0008f81e000000035e884c9c',json=
   rt)
```

2. get( )方法

requests.get(url,params,**kwargs)：从指定的资源请求数据，是获取 HTML 网页信息的主要方法，对应 HTTP 的 GET。

params：字典或字节序列格式，作为参数添加到 url 中，可选。

示例代码如下：

```
1.  import requests
2.  def get(url):
3.      try:
4.          r = requests.get(url,timeout=10)
5.          r.raise_for_status()
6.          r.encoding = r.apparent_encoding
7.          return r.txt
8.      except:
9.          return "异常"
10. if __name__ == "__main__"
11.     url = "www.baidu.com"
12.     print(getHTMLText(url))
```

3. post( )方法

requests.post(url,data,json,**kwargs)：向指定的资源提交要被处理的数据，对应 HTTP 的 POST。

data：data 参数的对象一般是字典类型，在发出请求时会自动编码为表单形式。

json：json 参数会自动将字典类型的对象转换为 JSON 格式。

示例代码如下：

```
1.  import requests
2.  import json
3.
4.  url = "http://www.baidu.com"
5.  data = {
6.      'soleil':1,
7.      'bsol':2,
8.  }
9.  #1
10. requests.post(url,data = json.dumps(data))
11. #2 - json 参数会自动将字典类型的对象转换为 JSON 格式
12. requests.post(url,json = data)
```

4. head()方法

requests.head(url,** kwargs)：获取 HTML 网页头部信息的方法，对应 HTTP 的 HEAD。

示例代码如下：

```
1.  import requests
2.  import json
3.
4.  r = requests.head('https://www.baidu.com/link? url =58oz4AEVxDW
    XanBqrfF95ffQFlw1SkpGf58XT6izpAGZdzCFbHN2i1B _ sr6Ejzek&wd =
    &eqid = ddc9c25c0008f81e000000035e884c9c /get')
5.  r.headers
6.  r.text
```

5. put()方法

requests.put(url,data,** kwargs)：向 HTML 网页提交 PUT 请求的方法，对应 HTTP 的 PUT。

示例代码如下：

```
1.  import requests
2.  import json
3.
4.  payload   = {'key1':'value1','key2':'value2'}
5.  r = requests.put('https://www.baidu.com/link? url =58oz4AEVxDW
    XanBqrfF95ffQFlw1SkpGf58XT6izpAGZdzCFbHN2i1B_sr6Ejzek&wd =&eqid =
    ddc9c25c0008f81e000000035e884c9c/put',data = payload)
```

```
6. print(r.text)
```

6. patch( )方法

requests.patch(url,data,**kwargs)：向 HTML 网页提交局部修改请求，对应 HTTP 的 PATCH。

示例代码如下：

```
1. import requests
2. import json
3.
4. payload = {'key1':'value1','key2':'value2'}
5. r = requests.patch('https://www.baidu.com/link? url =58oz4AEVxDW
   XanBqrfF95ffQFlw1SkpGf58XT6izpAGZdzCFbHN2i1B_sr6Ejzek&wd = &eqid
   =ddc9c25c0008f81e000000035e884c9c/patch',data =payload)
6. print(r.text)
```

7. delete( )方法

requests.delete(url,**kwargs)：向 HTML 页面提交删除指定资源的请求，对应 HTTP 的 DELETE。

示例代码如下：

```
1. import requests
2. import json
3.
4. payload = {'key1':'value1','key2':'value2'}
5. r = requests.delete('https://www.baidu.com/link? url =58oz4AEVx
   DWXanBqrfF95ffQFlw1SkpGf58XT6izpAGZdzCFbHN2i1B _ sr6Ejzek&wd =
   &eqid = ddc9c25c0008f81e000000035e884c9c/delete')
6. print(r.text)
```

8. response 的属性

（1）response.status_code 的作用：检查请求是否成功。

示例代码如下：

```
1. import requests
2. res = requests.get('http://www.planetb.ca/syntax - highlight -
   word/soleil.png')
3. print(res.status_code) #打印变量 res 的响应状态码,以检查请求是否成功
```

（2）response.content 的作用：把 response 对象的内容以二进制数据的形式返回，适用于图片、音频、视频的下载。

下载一张图片的代码如下:

```
1. import requests #引入requests库
2. res = requests.get('http://www.planetb.ca/syntax-highlight-
   word/soleil.png') #发出请求,并把返回的结果放在变量res中
3. pic = res.content #把reponse对象的内容以二进制数据的形式返回
4. photo = open('soleil.jpg','wb') #新建一个文件soleil.jpg,这里的文件
   没加路径,它会被保存在程序运行的当前目录下。图片内容需要以二进制wb
   读写。
5. photo.write(pic) #获取pic的二进制内容
6. photo.close() #关闭文件
```

(3) response.text 的作用:可以把response对象的内容以字符串的形式返回,适用于文字、网页源代码的下载。

下载小说的代码如下:

```
1. #引用requests库
2. import requests
3. #得到一个对象,命名为re
4. re = requests.get('http://www.planetb.ca/syntax-highlight-
   word/少儿.md')
5. #把response对象的内容以字符串的形式返回
6. novel = res.text
7. print(novel[:1000]) #打印小说(只输出1000字)
```

(4) response.encoding 的作用:帮助定义response对象的编码。

示例代码如下:

```
1. #引用requests库
2. import requests
3. #得到一个对象,命名为re
4. re = requests.get('http://www.planetb.ca/syntax-highlight-
   word/少儿.md')
5. res.encoding = 'gbk' #定义response对象的编码为gbk
6. #把response对象的内容以字符串的形式返回
7. novel = res.text
8. print(novel[:1000]) #打印小说(只输出1000字)
```

其打印出来的结果是乱码。因为设置的编码规则默认为utf-8,如果以gbk的形式定义它,就会出现乱码。

使用条件:只有当结果显示为乱码时,才返回试验以其他编码方式定义并确认结果。

9.5.3 登录实现

```
1.  import requests
2.  import sys
3.  import urllib2
4.  import re
5.  if __name__ == "__main__":
6.
7.      ##这段代码用于解决中文报错的问题
8.      reload(sys)
9.      sys.setdefaultencoding("utf8")
10.
11.     posturl = "https://mail.aliyun.com"
12.
13.     #保存cookies,不保存cookies很危险,若登录成功后不保存cookies,服务器将不知道用户已经登录
14.     #或者说服务器无法确认用户身份,导致获得页面失败
15.     s = requests.session()
16.     circle = s.get(posturl).text
17.     #查找lt字符串
18.     #信息门户中有几个隐藏表单项,lt表单项为一个随机字符串
19.     #其余几个均为固定字符串
20.     #所以必须先得到lt字符串
21.     ltString = '<input type = "hidden" name = "lt" value = ".*?"'
22.     ltAnswer = re.findall(ltString,circle)
23.     lt = ltAnswer[0].replace('<input type = "hidden"name = "lt" value = ","')
24.     #这里必须转为utf8格式,否则传过去的值为Unicode编码,导致出现乱码
25.     lt = lt.replace(",").encode("utf-8")
26.
27.     #构造头部信息
28.     head = {
29.                 'Accept'    :'text/html,application/xhtml+xml,application/xml;q=0.9,*/*;q=0.8',
30.                 'Accept-Encoding':'gzip,deflate',
31.                 'Accept-Language':'zh-CN,zh;q=0.8,en-US;q=0.5,en;q=0.3',
```

```
32.            'Host'       :'mail.aliyun.com',
33.            'Connection':'keep-alive',
34.            #反爬虫技术,这个说明是从这个网页进入的
35.            'Referer'    :'https://mail.aliyun.com',
36.            'Upgrade-Insecure-Requests':'1',
37.            #伪装浏览器
38.            'User-Agent':'Mozilla/5.0 (Windows NT 10.0; Win64; x64; rv:50.0)Gecko/20100101 Firefox/50.0'
39.            }
40.     #构造post数据
41.     postData={'_eventId':"submit",
42.               'btn1'    : "",
43.               'dllt'    :"userNamePasswordLogin",
44.               'execution': "e1s1",
45.               'lt'       : lt,
46.               'password': "*******",
47.               'rmShown'  : "1",
48.               'username': "123456789",
49.               }
50.     loginhtml = s.post(posturl,data=postData,headers=head)
51.
52.
53.     url2='https://mail.aliyun.com'
54.     head2 = {
55.              'User-Agent':'Mozilla/5.0 (Windows NT 10.0; Win64; x64; rv:50.0) Gecko/20100101 Firefox/50.0',
56.              'Referer'  :'https://mail.aliyun.com'}
57.
58.     scorehtml = s.get(url2,headers=head2)
59.
60.     print scorehtml.text.decode('gbk','ignore')
```

9.5.4 代理服务器

代理服务器是一个处于用户与互联网中间的服务器,如果使用代理服务器,浏览信息的时候先向代理服务器发送请求,然后代理服务器向互联网获取信息,再反馈给用户。示例代码如下:

```
1.  import urllib.request import re
2.  uil='http://blog.csdn.net/'
3.  headers=("User-Agent","Mozilla/5.0(Windows NT 10.0;WOW64)AppleWebKit/53(KITTML,like Gecko) Chrome/56.0.2924.87 Safaxi/537.36')
4.  #建一个浏览器opener
5.  opener=urllib.request.build_opener()
6.  #将头加入opener中
7.  opener.addheaders=[headers]
8.  #将opener安装为全局
9.  urllib.request.install_opener(opener)
10. data=urllib.request.urlopen(url).read().decode("utf-8","ignore")
11. pat='<h3 data_mod="popu_430" data-poputype="feed" data_feed-show="false"
12. data-dsm="post"><a href="(.*?)">
13. result=re.compile(pat).findall(data)
14. for i in range(0,len(result)):
15.     file=str(i)+".html" urllib.request.urlretrieve(result[i],filename=file)
16.     print("第"+str(i)+'次爬取成功')
```

构造代理服务器的代码如下：

```
1.  import urllib.request
2.  def use_proxy(url,proxy_addr):
3.      proxy=urllib.request.ProxyHandler({"http":proxy_addr})
4.      opener=urllib.request.build_opener(proxy,urllib.reques.HTTPHandler)
5.      urllib.request.install_opener(opener)
6.      data=urllib.request.urlopen(url).read().decode("utf-8","ignore")
7.      return data
8.  proxy_addr=[]
9.  "110.73.43.18:8123"
10. url="http://www.baidu.com"
11. data=use_proxy(url,proxy_addr)
12. print(len(data))
```

本章小结

本章主要介绍了网络编程的概念、PyCharm 软件的安装和调试、TCP/IP 的概念、TCP 编程的原理、UDP 编程的原理，及爬虫的案例分析，以使读者深入了解了网络编程的理论知识和操作方法。

课后习题

一、简答题

1. 简述 TCP/IP 的概念。
2. TCP 和 UDP 的区别是什么？
3. 什么是 socket？简述基于 TCP 的套接字通信流程。
4. 为何基于 TCP 的通信比基于 UDP 的通信更可靠？
5. 什么是"粘包"？socket 中造成"粘包"的原因是什么？哪些情况下会发生"粘包"现象？

二、判断题

1. Python 代码可以内嵌在 ASP 文件中。（ ）
2. 无法配置 IIS 来支持 Python 程序的运行。（ ）
3. 使用 TCP 进行通信时，必须首先建立连接，然后进行数据传输，最后关闭连接。（ ）
4. TCP 是可以提供良好服务质量的传输层协议，所以在任何场合都应该优先考虑使用。（ ）

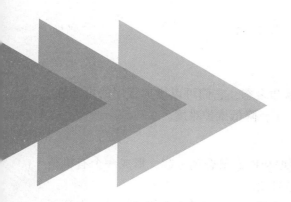

第 10 章 面向对象编程

本章要点
(1) 类和对象；
(2) 构造方法和析构方法；
(3) 成员变量、类方法和静态类；
(4) 面向对象的 3 个基本特征。

引言

Python 语言从设计之初就已经是一门面向对象的语言，正因为如此，在 Python 语言中创建一个类和对象是很容易的。本章详细介绍了 Python 语言的面向对象编程。

10.1 面向对象编程概述

面向对象编程（Object Oriented Programming）是一种模拟人类思维方式的编程思想。现实中的各种事物都存在着这样或那样的联系，在程序设计中，使用对象（Object）模拟现实中的具体事物，通过对象之间的相互联系描述现实中事物的关系，这种与现实对应的程序设计思想就是面向对象编程。

面向对象编程以对象为核心，将需要解决的问题划分为多个对象，通多个对象间的数据传递实现程序功能。

10.1.1 对象的定义

对象（Object）是指将描述事物的数据（属性）和操作（方法）封装成一个不可分的单位。对象是面向对象编程的核心，也是其基础组成部分。多个对象还可以根据相同的属性和方法归纳为类（Class），用于描述这些对象的共同特征。对象是类的具体化，类是对象的抽象化。

10.1.2 面向对象编程的特征

面向对象编程具有3个基本特征——封装、继承和多态,它们可以增加程序的可靠性、代码的可重用性,使程序结构更加清晰,提高开发效率,降低维护难度。

1. 封装

封装(Encapsulation)是将对象运行所需要的数据和操作组合到一起,形成一个有机整体,即创造出一个新类的过程。封装的最基本单位是对象。

封装隐藏了对象的属性和实现细节,使外部不能随意获取和更改对象内部属性,保证了对象的独立,增强了对象的安全性,减少了程序开发过程中出现错误的几率。用户无须了解对象内部是如何运行的,简化了操作步骤。

2. 继承

继承(Inheritance)是指类的相互关系。如果一个类A的特征(属性和方法)"继承自"另一个类B,就把A称为B的子类,而把B称为A的父类。

继承可以使子类具有父类的各种特征,而不需要再次编写相同的代码。还可以重新定义某些属性,并重写某些方法,即覆盖父类的原有属性和方法,使其获得与父类不同的功能。

3. 多态性

多态性(Polymorphism)是指不同的对象收到相同的调用方法时而产生不同的操作。

比如,当一个类的属性和方法被其他类继承后,子类可以表现出不同于父类和其他子类的数据和操作。

10.2 创建类和对象

10.2.1 创建类

类是Python语言的核心,用于定义数据类型的数据(属性)和操作(方法),描述多个对象的共同特征,对象是类的具体化,也可称为类的实例化。

就像在现实中,通常把麻雀、鸽子等有着共同特征的物种称为鸟类,但鸟类只是这些动物的抽象化概念,并不是一只真实存在的鸟,而麻雀则是鸟类这一抽象概念的具体体现。

在Python语言中,进行面向对象编程,首先要定义一个类,描述多个对象的共同特征。类由3部分构成:

(1)类名:类的名称,通常首字母大写;
(2)属性:描述事物特征的数据;
(3)方法:描述事物行为的操作;

例10-1 创建类。

代码如图10-1所示。

小提示:注意类名首字母必须大写。

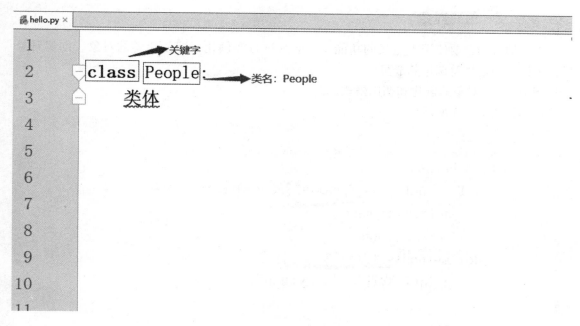

图 10 -1 例 10 -1 代码

类使用关键字 class 声明。类的声明格式（图 10 -1）如下：

class 类名：

类体

其中，类名为有效的标识符，一般为多个单词组成的名称，每个单词除第一个字母大写外，其余的字母均小写；类体由缩进的语句块组成。

定义在类体内的元素都是类的成员。类的主要成员包括两种类型，即描述状态的数据成员（属性）和描述操作的函数成员（方法）。

例 10 -2 定义一个 Person 类。

代码如图 10 -2 所示。

```
1  class Person:
2      def __init__(self, name="", age=0):
3          self.name=name
4          self.age=age
5      def method(self):
6          print("欢迎您学习Python")
7
8  p=Person()
9  p.method()
```

图 10 -2 例.10 -2 代码

10.2.2 创建对象

类是抽象的，要使用类定义的功能，就必须进行实例化，即创建类的对象。创建对象后，可以使用运算符调用其成员。

例 10 – 3 对象的创建和调用格式。

代码如图 10 – 3 所示。

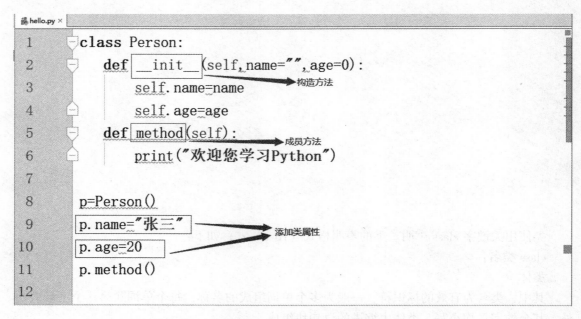

图 10 – 3　例 10 – 3 代码

小提示：创建类的对象、创建类的实例、实例化类等说法是等价的，都说明以类为模板生成了一个对象的操作。

10.3　构造方法

10.3.1　构造方法概述

构造方法是指在创建对象的同时完成对象属性的初始化，Python 语言的类利用_init_( )和_del_( )方法，可以使类在实例化时自动为新生成的对象调用该方法。

用无参构造方法创建对象的示例代码如图 10 – 4 所示。

用有参构造方法创建对象的示例代码如图 10 – 5 所示。

10.3.2　self 参数

self 参数只会出现在类中，类函数第一个参数默认命名为 self。

self 使用示例代码如图 10 – 6 所示。

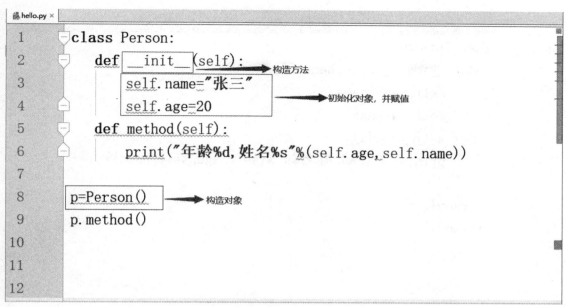

图 10-4　用无参构造方法创建对象的代码

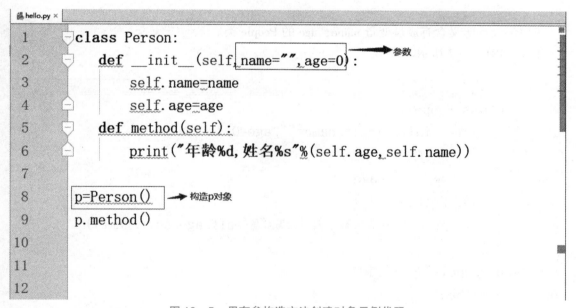

图 10-5　用有参构造方法创建对象示例代码

10.3.3　成员变量

类的变量即类的属性，分为成员变量（实例属性）和类变量（类属性）两种。成员变量指每个实例唯一的数据，是在_init_( )中定义的，以 self 作为第一个参数。类变量指类中所有实例共有的数据。

```
1  class Person:
2      def __init__(self,name="",age=0):
3          self.name=name
4          self.age=age
5      def method(self):
6          print("年龄%d,姓名%s"%(self.age,self.name))
7
8  p=Person()
9  p.method()
10
11
12
```

图 10-6 self 使用示例代码

例 10-4 定义含有成员变量 name, age 的 People 类。

代码如图 10-7 所示。

```
1  class Peopel:
2      def __init__(self,name="",age=0):
3          self.name=name
4          self.age=age
5      def method(self):
6          print("年龄:%d,姓名:%s"%(self.age,self.name))
7
8  p=Peopel("张三",10)
9  p.method()
10 p.name="李四"
11 p.age=18
12 p.method()
```

图 10-7 例 10-4 代码

运行结果如图 10-8 所示。

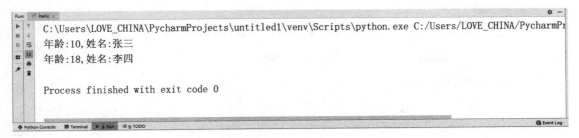

图 10-8　例 10-4 运行结果

10.3.4　类方法和静态类

在类的内部，可以用 def 为类定义一个方法，类方法和静态类都属于类的方法，成员方法由对象调用，方法的第 1 个参数默认是 self，成员方法也包括构造方法和析构方法。类中的函数，只能由类调用。类的方法包含类方法和静态方法。

1. 类方法

类方法可以用修饰符@ classmethod 来标识示例代码如图 10-9 所示。

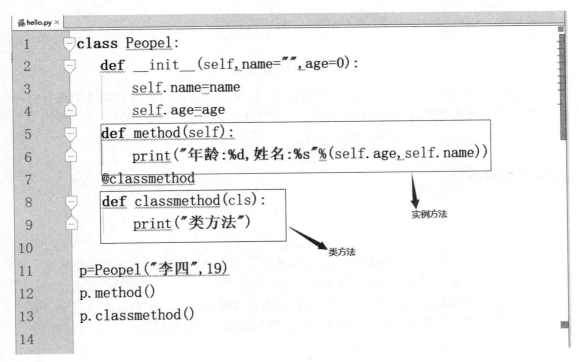

图 10-9　类方法示例代码

小提示：在上述示例代码中，类方法的参数是 cls，代表定义类方法的类，通过 cls 参数可以访问类的属性。

2. 静态方法

静态方法可以用修饰符@staticmethod来标识，示例代码如图10-10所示。

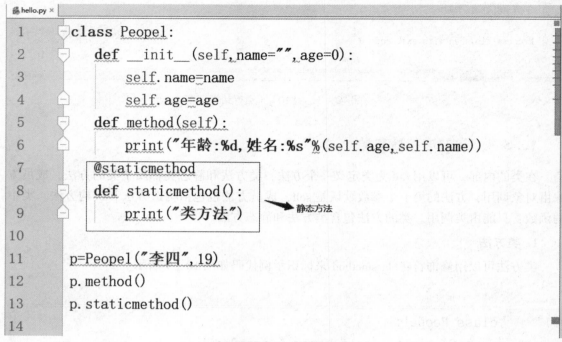

图10-10　静态方法示例代码

小提示：在上述示例代码中，静态方法没有 cls 参数，这是由于静态方法中没有使用 self 参数，所以无法直接访问类的成员变量，也无法访问类变量。也就是说静态方法跟定义的类没有直接的关联，只能起到函数的作用。

10.4　类的继承

10.4.1　继承

继承描述的是事物之间的所属关系，通过继承可以使很多事物之间形成关系体系。例如，人、猴子、猫和狗都属于动物，在程序中可以描述为人、猴子、猫和狗继承自动物。同理，波斯猫和巴厘猫都继承自猫，而沙皮狗和斑点狗都继承自狗。在 Python 语言中，通过继承创建的新类称为子类或派生类，被继承的类称为基类、父类或超类。

Python 语言中继承的语法格式为：

class 子类名（父类名）：
　　类的属性
　　类的方法

示例代码如图10-11所示。

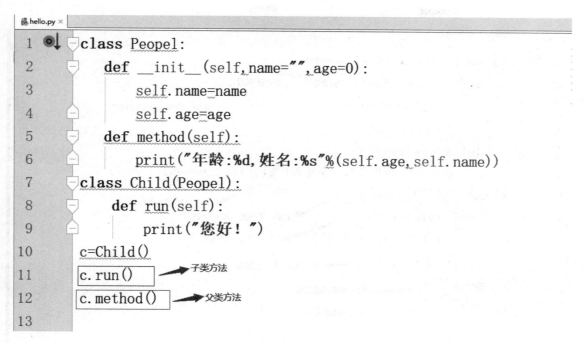

图 10-11 继承示例代码

小提示：在 Python 语言中继承的特点如下：

（1）如果在子类中需要父类的构造方法就需要显式调用父类的构造方法，或者不重写父类的构造方法。

（2）在调用基类的方法时，需要加上基类的类名前缀，且需要带上 self 参数变量。区别在于类中调用普通函数时并不需要带上 self 参数。

Python 语言总是首先查找对应类型的方法，如果不能在派生类中找到对应的方法，才开始到基类中逐个查找（先在本类中查找调用的方法，找不到才去基类中找）。

例 10-5 子类继承父类。

代码如图 10-12 所示。

子类 Child 继承自父类 People，第 12 行调用父类的成员方法 speak( )，第 13 行调用子类自己的成员方法 walk( )。运行结果如图 10-13 所示。

10.4.2 方法重写

Python 语言和其他一些高级面向对象的编程语言中，如果从父类继承的方法不能满足子类的需求，可以对其进行改写，称为方法的重写，方法的重写也叫方法的覆盖（override）。

例 10-6 方法重写。

代码如图 10-14 所示。

运行结果如图 10-15 所示。

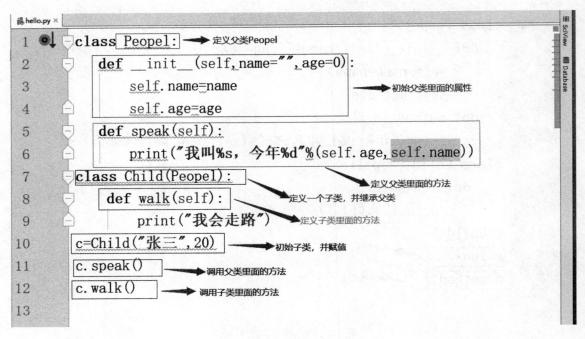

图 10-12　例 10-5 代码

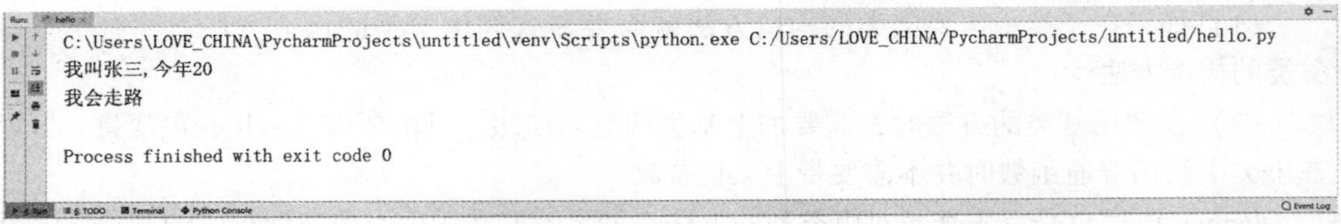

图 10-13　例 10-5 运行结果

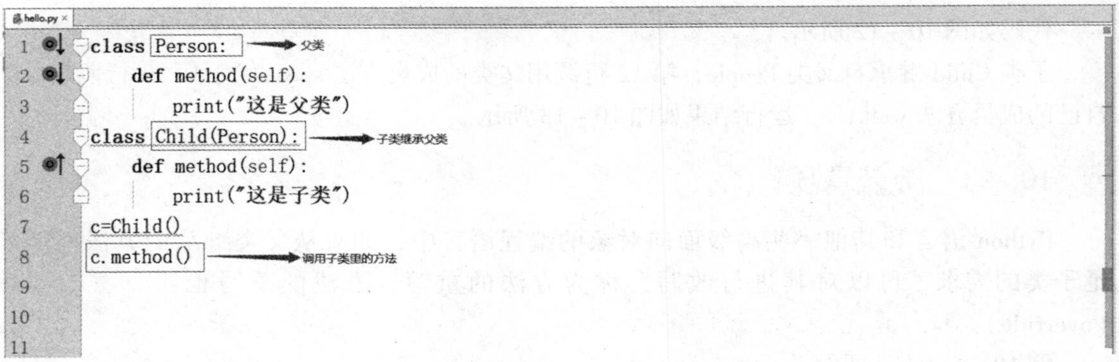

图 10-14　例 10-6 代码

```
C:\Users\LOVE_CHINA\PycharmProjects\untitled\venv\Scripts\python.exe C:/Users/LOVE_CHINA/PycharmProjects/untitled/hello.py
这是子类

Process finished with exit code 0
```

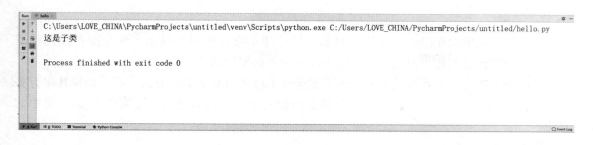

图 10－15　例 10－6 运行结果

super( )方法可以在任何方法中调用，不只是_init_( )方法，这就意味着通过重写和调用 super( )方法可以修改所有的方法。可以在方法的任何位置调用 super( )方法，也可以理解为子类生成的对象调用父类的方法（函数）。

例 10－7　super( )方法的使用。

代码如图 10－16 所示。

```python
class Person:
    def method(self):
        print("这是父类")
class Child(Person):
    def method(self):
        print("这是子类")
c=Child()
super(Child,c).method()
```

图 10－16　例 10－7 代码

运行结果如图 10－17 所示。

```
C:\Users\LOVE_CHINA\PycharmProjects\untitled\venv\Scripts\python.exe C:/Users/LOVE_CHINA/PycharmProjects/untitled/hello.py
这是父类

Process finished with exit code 0
```

图 10－17　例 10－7 运行结果

10.4.3 多继承

Python 语言虽然在语法上支持多继承，但是却不推荐使用多继承，而是推荐使用单继承，这样可以保证编程思路更清晰，也可以避免不必要的麻烦。

当一个子类有多个直接父类时，该子类会继承得到所有父类的方法，但是如果其中有多个父类包含同名方法会发生什么？此时排在前面的父类中的方法会"遮蔽"后面父类中的方法。

例 10 – 8 多继承。

代码如图 10 – 18 所示。

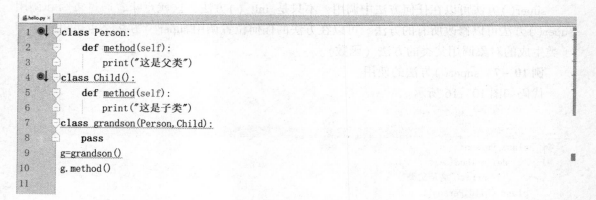

图 10 – 18　例 10 – 8 代码

运行结果如图 10 – 19 所示。

图 10 – 19　例 10 – 8 运行结果

10.5 多态

Python 语言中多态是指一类事物有多种形态，比如动物有人、狗、猫等多种形态。

例 10 – 9 多态。

代码如图 10 – 20、图 10 – 21 所示。

```
1   class Animal():         ——→ 统一属性动物特征：动物类
2       def method(self):
3           print("动物")
4   class Person():         ——→ 统一属性动物特征之一：人类
5       def method(self):
6           print("这是人类")
7   class Cat():            ——→ 统一属性动物特征之二：猫类
8       def method(self):
9           print("猫类")
10  class Dog():            ——→ 统一属性动物特征之三：狗类
11      def method(self):
12          print("狗类")
```

图 10-20　例 10-9 代码（1）

```
1   class Animal():         ——→ 统一属性动物特征：动物类
2       def method(self):
3           print("动物")
4   class Person():         ——→ 统一属性动物特征之一：人类
5       def method(self):
6           print("这是人类")
7   class Cat():            ——→ 统一属性动物特征之二：猫类
8       def method(self):
9           print("猫类")
10  class Dog():            ——→ 统一属性动物特征之三：狗类
11      def method(self):
12          print("狗类")
13  p=Person()
14  c=Cat()                 ——→ 初始对象
15  d=Dog()
```

图 10-21　例 10-9 代码（2）

10.6　运算符重载

让自定义的类生成的对象（实例）能够使用运算符进行操作，称为运算符重载。

例 10-10　加法运算符。

代码如图 10-22 所示。

```
class Math:
    def __init__(self,d):        →初始化操作
        self.date=d
    def __repr__(self):          →消除两边的小括号
        return "Math(%d)"%self.date
    def __add__(self, other):    →加法运算符
        n=self.date + other.date
        return Math(n)           →返回调用函数值
n1=Math(10)
n2=Math(20)
print(n1+n2)
```

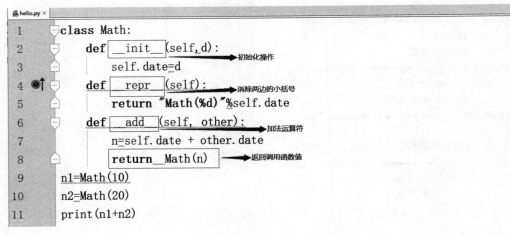

图 10－22　例 10－10 代码

例 10－11　除法运算符。

代码如图 10－23 所示。

```
class Math:
    def __init__(self,d):
        self.date=d
    def __repr__(self):
        return "Math(%d)"%self.date
    def __truediv__(self, other):
        n=self.date / other.date
        return Math(n)
n1=Math(20)
n2=Math(10)
print(n1/n2)
```

图 10－23　例 10－11 代码

运行结果如图 10－24 所示。

```
C:\Users\LOVE_CHINA\PycharmProjects\untitled\venv\Scripts\python.exe C:/Users/LOVE_CHINA/PycharmProjects/untitled/hello.py
Math(2)

Process finished with exit code 0
```

图 10－24　例 10－11 运行结果

运算符见表 10－1。

表 10-1 运算符

方法名	运算符和表达式	说明
add(self,rhs)	self + rhs	加法
sub(self,rhs)	self - rhs	减法
mul(self,rhs)	self * rhs	乘法
truediv(self,rhs)	self/rhs	除法
floordiv(self,rhs)	self//rhs	整除
mod(self,rhs)	self % rhs	取模(求余)
pow(self,rhs)	self ** rhs	幂运算

小提示:运算符重载的作用如下:
(1)让自定义的实例像内建对象一样进行运算符操作;
(2)让程序简洁易读;
(3)对自定义对象将运算符赋予新的规则。

本章小结

本章主要介绍了面向对象编程的基本知识,包括面向对象编程概述、创建类和对象、构造方法、类的继承、多态和运算符重载等内容。

课后习题

一、选择题

1. 关于类和对象的关系,下列描述中正确的是(　　)。
   A. 类是面向对象的核心
   B. 类是现实中事物的个体
   C. 对象是根据类创建的,并且一个类只能对应一个对象
   D. 对象描述的是现实的个体,它是类的实例

2. 构造方法的作用是(　　)。
   A. 一般成员方法　　　　　　　　　　B. 类的初始化
   C. 对象的初始化　　　　　　　　　　D. 对象的建立

3. 构造方法是类的一个特殊方法,Python 语言中它的名称为(　　)。
   A. 与类同名　　B. _construct　　C. _init_　　D. init

4. 下列选项中,符合类的命名规范的是(　　)。
   A. HolidayResort　　　　　　　　　　B. Holiday Resort
   C. holidayResort　　　　　　　　　　D. hoilidayresort

5. Python 语言中用于释放类占用资源的方法是（　　）。
   A. _init_( )　　　B. _del_( )　　　C. _del( )　　　D. delete ( )

二、填空题

1. 在 Python 语言中，可以使用_____关键字声明一个类。面向对象需要把问题划分多个独立的_____，然后调用其方法解决问题。

2. 类的方法中必须有一个_____参数，位于参数列表的开头。Python 语言提供了名称为_____的构造方法，以让类的对象完成初始化。

3. 如果想修改属性的默认值，可以在构造方法中使用_____设置。

4. 表达式 isinstance('abc', str) 的值为_____。

5. 表达式 isinstance('abc', int) 的值为_____。

6. 表达式 isinstance(4j, (int, float, complex)) 的值为_____。

7. 表达式 isinstance('4', (int, float, complex)) 的值为_____。

8. 表达式 type(3) in (int, float, complex) 的值为_____。

9. 表达式 type(3.0) in (int, float, complex) 的值为_____。

10. 表达式 type(3+4j) in (int, float, complex) 的值为_____。

11. 表达式 type('3') in (int, float, complex) 的值为_____。

12. 表达式 type(3) == int 的值为_____。

13. 在 Python 语言中定义类时，与运算符"**"对应的特殊方法名为_____。

14. 在 Python 语言中定义类时，与运算符"//"对应的特殊方法名为_____。

15. 表达式 type({}) == dict 的值为_____。

三、判断题

1. 对于 Python 语言类中的私有成员，可以通过"对象名._类名_私有成员名"的方式来访问。（　　）

2. 运算符"-"可以用于集合的差集运算。（　　）

3. 如果定义类时没有编写析构函数，Python 语言将提供一个默认的析构函数进行必要的资源清理工作。（　　）

4. 已知 seq 为长度大于 10 的列表，并且已导入 random 模块，那么 [random.choice(seq) for i in range(10)] 和 random.sample(seq, 10) 等价。（　　）

5. 在派生类中可以通过"基类名.方法名()"的方式来调用基类中的方法。（　　）

6. Python 语言支持多继承，如果父类中有相同的方法名，而在子类中调用时没有指定父类名，则 Python 语言解释器将从左向右按顺序进行搜索。（　　）

7. 在 Python 语言中定义类时实例方法的第一个参数名称必须是 self。（　　）

8. 在 Python 语言中定义类时实例方法的第一个参数名称不管是什么，都表示对象自身。（　　）

9. 定义类时如果实现了_contains_( )方法，该类对象即可支持成员测试运算 in。（　　）

10. 属性可以像数据成员一样进行访问，但赋值时具有方法的优点，可以对新值进行

检查。 （   ）

四、简答题

1. 简述 self 在类中的意义。
2. 类是由哪 3 个部分组成的？
3. 简述构造方法和析构方法的作用。

五、编程题

1. 设计一个 Circle（圆）类，包括圆心位置、半径、颜色等属性。编写构造方法和其他方法，计算周长和面积。编写程序验证类的功能。

2. 设计一个 Student 类，此类的对象有属性 name、age、score，用来保存学生的姓名、年龄、成绩。

（1）编写一个函数 input_student( ) 读入 n 个学生的信息，用对象来存储这些信息（不用字典），并返回对象的列表。

（2）编写一个函数 output_student( ) 打印这些学生信息（格式不限）。

参 考 文 献

［1］黄红梅，张良均. Python 数据分析与应用［M］. 北京：人民邮电出版社. 2018.
［2］夏辉，杨伟吉. Python 程序设计［M］. 北京：机械工业出版社. 2019.
［3］董付国. Python 程序设计实例教程［M］. 北京：机械工业出版社. 2019.
［4］朱旭振，黄赛. Python 基础编程与实践［M］. 北京：机械工业出版社. 2019.